码上学技术·绿色农业关键技术系列

李 杏

高质高效生产200题

陈玉玲　夏乐晗　主编

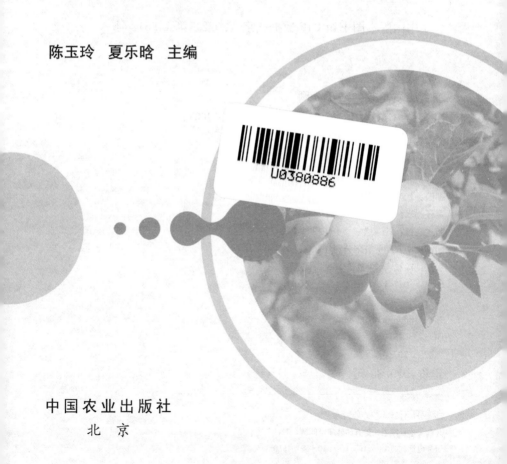

中国农业出版社

北 京

图书在版编目（CIP）数据

李杏高质高效生产 200 题 / 陈玉玲，夏乐晗主编 . —
北京：中国农业出版社，2022.11
（码上学技术 . 绿色农业关键技术系列）
ISBN 978-7-109-29851-4

Ⅰ.①李…　Ⅱ.①陈…②夏…　Ⅲ.①李-果树园艺
-问题解答②杏-果树园艺-问题解答　Ⅳ.①S662-44

中国版本图书馆 CIP 数据核字（2022）第 149512 号

李杏高质高效生产 200 题
LI XING GAOZHI GAOXIAO SHENGCHAN 200TI

中国农业出版社出版
地址：北京市朝阳区麦子店街 18 号楼
邮编：100125
责任编辑：阎莎莎　文字编辑：王禹佳
版式设计：杜　然　责任校对：刘丽香
印刷：中农印务有限公司
版次：2022 年 11 月第 1 版
印次：2022 年 11 月北京第 1 次印刷
发行：新华书店北京发行所
开本：880mm×1230mm　1/32
印张：5.75　插页：4
字数：170 千字
定价：29.80 元

编写人员名单

主　　编　陈玉玲　夏乐晗

副 主 编　黄振宇　宋伟栓

参编人员　崔泽轩　陈　龙　于会丽

　　　　　丰铁士　陈秀梅　冯义彬

　　　　　陈占营　王　民

前　言

　　李、杏树在中国有悠久的栽培历史，李、杏是我国人民特别喜爱的时令水果，随着我国人民生活水平日益提高和膳食水平的改善，除苹果、梨、桃等大宗果树外，人们对特色果树、果品多样化的需求日益增加。近年来，大宗水果市场相对饱和，而李、杏是特色水果中供不应求的种类，李、杏以其果实风味独特、外观艳丽、营养价值高，且好管理、易结果等特点，呈现良好的发展趋势。国家在扶贫产业、生态建设等方面提供政策扶持，许多贫困山区通过栽培果树进行产业扶贫，而李、杏树耐瘠薄，能适应山地等不良条件，因此适宜在山区、沙荒地等土壤、自然生态条件较薄弱的区域发展。李、杏产区多分布于我国西南、西北山区和贫困边远地区，近些年李、杏种植在扶贫攻坚和乡村振兴中发挥了积极作用。

　　近年来，李、杏果树新技术、新品种研发取得了长足进步，但与桃、苹果、葡萄、柑橘等大宗水果相比较而言，李、杏在目的品种选育及技术研发方面起步较晚，生产中栽培技术落后、管理粗放，新品种、新技术应用率及产业化程度较低。本书旨在解决果农生产中的实际问题，更好地指导果农进行高效生产，提高果实品质，促进农民增收，促进李、杏产业发展，为巩固脱贫攻坚战成果，促进乡村振兴和美丽乡村建设做出贡献。

　　本书作者及课题团队在大量调查研究的基础上，结合多年研发成果和丰富的实践工作经验，针对目前李、杏产业发展急需解决的问题，理论联系实际，进行产业现状及前景分析，较为全面地介绍了李（包含西梅等）、杏及杂交杏李等主要优良新品种，并介绍了品种选择技术、建园技术、生产过程关键技术、生产标准化技术、生产环境控制技术等栽培技术以及生产管理措施、病虫害防治措施、防灾减灾措施等配套栽培措施，有较强的针对性和可操作性，对生产和产业发展具有重要指导作用。

　　本书可供农业生产一线的种植大户、家庭农场、农民合作社、农业社会化服务组织等新型农业经营主体，以及基层农业技术推广人员、广大农民参考使用，并为区域特色林果产业决策提供理论依据。

编　者

2022 年 5 月

目　录

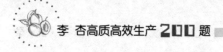

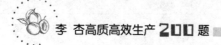

一、李、杏生产概述

1. 现阶段我国对果品的需求和发展方向如何？

伴随着改革开放的进程，我国水果产业（不含西甜瓜）迅速发展，总产量从1978年的657万吨发展到2017年的1.7亿吨，约增长了25倍，人均占有量从不到7千克发展到120千克，在所有农作物中，增幅位居前列。如今市场上的水果琳琅满目、应有尽有，不仅品种齐全，而且外观漂亮，品质大幅度提高，极大地丰富和改善了市场供给，但市场并未饱和，果品需求和发展方向主要概括为以下三个方面。

（1）增加水果的多样性。为了让不同消费群体都能按照自己的口味、爱好以及可以接受的价格随时随地挑选到所需要的果品，在大宗水果的发展趋于平稳的情况下，李、杏、葡萄、桃、大樱桃、石榴等水果因市场缺口大，销售价格高，在新栽果树时应受到重视。为满足市场的多样性需求，同一树种中，不同品种之间也有很大的选择余地。如早熟杏早金艳、早红艳、玫香、玫硕、红艳在5—6月成熟，早熟李早红香在6月初成熟，此时期市场上水果较少，价格相对较高，因而这些品种受到很多果农青睐。李中秋姬，杏李中恐龙蛋、风味皇后，西梅中理查德早生、红西梅等晚熟品种，是果园新一轮栽种品种中的亮点。

（2）实现水果的优质化。目前，水果市场上，尤其是大中城市，水果的质量已有很大的提高。很多果农开始通过提高果实品质，而不是单纯依靠增加产量来实现果园效益的成倍增长。

（3）提高水果的商品性。在提高果品一致性和外观品质的基础上，通过采后处理和包装来提高水果的商品性，延长果品的保鲜期。在果品包装上要提供充分的信息和标志，让消费者尽可能多地了解果品的品质和卫生安全状况。很多地方都认识到了这一环节的重要性，并采取了不少改进措施，目前大中城市市场上的果品大多都有了较好的包装，但这方面仍然是我国水果产业发展最薄弱的环节之一。采后不挑选、不分级、不清洗、原状上市的果品仍然不少，改变这种传统习惯，可明显提高经济效益。

2. 我国李、杏树的栽培历史及现状如何？

杏原产中国。《管子》《庄子》《齐民要术》《广志》《西京杂记》《农圃便览》《本草纲目》等书中都有关于杏树的栽培和品种特性的记载。新中国成立后，杏树栽培得到了很大发展，产量逐年增加。中国是中国李的起源和分布中心。李树栽培在我国已有 3 000 年以上的历史。《齐民要术》中记载李品种 31 个，其中郁黄李、牛心李、紫李、青李等近 20 个品种至今仍在各地种植。

李、杏栽培适应性广，耐旱耐瘠薄，结果早，管理容易，而且李、杏树在春季开花早，花期较长，也可作为观赏树种栽培。20 世纪末、21 世纪初期，中国提出农业产业结构调整，苹果、梨等大宗水果经济效益下滑，而作为核果的李、杏被高度重视，发展面积、产量及产后加工都有了新的突破，然而我国李、杏树的栽培还存在以下问题。

（1）没有形成规模化和商品化生产。我国李、杏树生产规模小，种植分散，分户管理，没有按自然条件、生产条件、地缘优势、传统优势等特点形成多样化的商品基地。

（2）品种结构不合理。尽管各地都在推广新优品种，但生产中老品种的栽培面积仍占相当大的比例。我国李、杏树栽培品种的成熟期过于集中，市场供应期短，鲜果供应期仅为 30 天左右。美国加利福尼亚州李树栽培有 18 个优良品种，早熟品种 5 月中下旬果实成熟，晚熟品种果实可供应到 10 月上旬，鲜果供应期 140 天左右。我国李、杏树栽培鲜食品种多，加工专用或兼用品种少，加工制品缺乏市场竞争力，从而影响了李、杏规模化生产的发展。

（3）产量和质量有待提高。李、杏园大多是粗放管理，加上无标准化生产技术规程，很难达到高产、优质、高效。果个偏小、着色差、风味淡、农药残留超标等现象较为普遍。

（4）产后商品化处理水平低。采后无机械化清洗、消毒、分级、包装流程，只有极少数果农人工分级和简单包装后投放市场，以初级产品上市，造成果实大小和着色不一、商品性差。

（5）贮藏保鲜和加工技术滞后。技术先进国家李、杏鲜果的贮藏量占其总产量的80％左右，主要是采用气调贮藏的方法，也有采用辐射贮藏和减压贮藏的方法，基本上是通过冷链运销。我国部分果农采用节能冷库、强制通风库配合应用保鲜袋、保鲜剂短期贮藏的方法，在常温下运输和销售。除仁用杏外，我国李、杏鲜果的加工量很少，只有一些小企业加工果脯、果干、果汁、蜜饯。

此外，市场体系建设不完善，社会化服务体系不健全，信息不畅，产销脱节，投入不足，科技成果转化率低等问题都是造成我国李、杏贮藏保鲜和加工技术滞后的原因。

3. 李、杏树在我国哪些地区适宜栽培？

在我国，杏树主要在黄河流域各省份栽培，尤以河北、北京、河南、山东、山西、陕西、甘肃、新疆等省份栽培最多。李树主要栽培在辽宁、吉林、黑龙江、河北、山西、北京、广东、广西、福建、江西、湖南、四川等省份。李树和杏树抗寒性强，果实成熟早，近年来设施栽培发展很快。

4. 李、杏树在哪些国家广泛种植？

李、杏分布广，在世界范围内种植广泛。近30年来，世界李、杏生产发展较快，目前全世界除南极大陆以外，自北纬50°至南纬45°之间均有杏的分布。据FAO报道，2019年全世界李、杏树栽培面积分别为272.8万公顷、36.8万公顷，产量分别为1 260.1万吨、251.1万吨。李树栽培面积超过4万公顷的国家有中国、塞尔维亚、罗马尼亚、波黑、俄罗斯；产量超过 30 万吨的国家有中国、罗马尼亚、塞尔维亚、智利、伊朗、美国、土耳其。杏树栽培面积超过 2 万公顷的国家有伊朗、阿尔及利亚、中国、西班牙；产量超过 10 万吨的国家有伊朗、意大利、阿尔及利亚、西班牙、法国、阿富汗、希腊、摩洛哥、巴基斯坦。

5. 我国李、杏的发展前景如何？

随着我国大宗果品如苹果、梨、柑橘等的大量发展，我国果品已出现结构性、阶段性、区域性的生产矛盾，迫切需要根据市场需求进行果业结构调整，以适应人们生活水平提高后，果品消费表现出的多样化特点。发展李、杏等果品不仅可以满足果业结构调整的需求，还可以顺应多样化消费新趋势。

李、杏在我国栽培历史悠久，品种丰富多样。近年来的市场也证明栽培李、杏树，只要管理方法得当，效益不低于大宗果品。特别是近年来南方柑橘、北方苹果两大单一生产格局的形成，使柑橘、苹果出现滞销现象，以往不被人们重视的李、杏等小众水果因其风味、营养价值和时令供给等方面都别具一格，所以深受人们的喜爱。杏、李等小众水果的价格也高于大宗水果，因而引起果农的重视。其中，优质大果、极早熟果、极晚熟果、耐贮运的优质果价格高，受欢迎。仁用杏一直供不应求，价格稳中有升，很有发展潜力。

李、杏树对土壤和气候的适应性强，既抗寒又耐高温，既抗旱又耐湿，结果早，易管理。寒冷、干旱等不适宜发展大宗果品的地区，应充分利用资源优势，发展寒、旱地区特色果业，对带动李、杏生产健康、稳步发展具有重要意义。目前，我国很多李、杏主产区都已经建立了良种示范园，采用国家及省级科研单位制定的李、杏栽培技术规程生产，对周边地区可起到很好的示范作用。另外，发展李、杏加工品种及加工企业，可大幅度提高产品的附加值，鲜杏经加工后，可比原料增值 4～6 倍。杏仁是食品、医药、化工等多种工业制品的原料，经深加工后可大幅度增值，如杏仁油（Apricot Oil）为不干性油，是高级润滑油，用于航空和精密仪器的润滑和防锈，还是制造高级化妆品的原料。膨化杏仁等休闲食品在国际市场非常畅销。发展李、杏果肉及果仁的加工不仅能直接创造显著的经济效益，还可带动相关企业的发展。

李、杏树姿优美，春季繁花似锦，夏季硕果累累，是净化空气和美化环境的良好树种。李、杏品种繁多，成熟期各异，采收供应期长达 4 个月之久，李果实色泽艳丽，有红、黄、绿、紫、黑五种颜色可供选择。

6. 什么是果品产业化经营？如何提档升级？

发展果品产业化经营是推动果品结构战略性调整的重要途径，是提高果品竞争力，增加农民收入，实现乡村振兴的客观要求。果品产业化经营的内涵可概括为以市场为导向，以果农为基础，以龙头企业或果农自主决策的合作社等组织为依托，通过利益机制将果品的产前、产中、产后环节联结为一个完整的产业体系，实现种贮加、产供销、贸工农一体经营，使各个环节形成风险共担、利益均沾的经济共同体，其特征是产前、产中和产后三环节整体化。中心环节形成龙头企业，以它带动生产基地和果农联合进入市场，其核心目的是形成企业与果农利益共享、风险均担的经济共同体。

实施果品产业化经营是解决三农问题，推动农村各项事业的着力点，不断从技术创新、完善机制、优化环境等方面进行积极探索，寻求突破，大力扶持、精心打造龙头企业，并以此为切入点，推进果品产业化经营快速发展。进一步推进我国果品产业化经营提档升级要做到以下几个方面。

（1）因地制宜调整和优化果品结构，从总体上布局，根据生态区域的不同，优化品种搭配，做到质量、产量、市场需求并重。

（2）注重科技研发与应用，提高果品采后商品化处理的水平，完善果品采收、分级、包装、保鲜、加工技术和标准化体系。

（3）以种植专业合作社、龙头企业为基础，选择适合我国发展的运销、加工模式，建立现代化无公害果品生产基地，加快龙头企业的建设，发挥企业在产业经营中的核心作用，完善市场机制，建立现代化果品产业化经营体系。

（4）发挥国产果品的优势，实施品牌战略，提高国际竞争力，加强政府对果农的组织、指导与服务，优化果品产业化经营环境。

二、主要品种及选择标准

7. 品种选择的原则是什么？

品种选择是果树高产优质的基础，应遵循以下原则。

（1）适应性强。选择的果树品种，适应性要强，能够适应栽植地区的环境条件，能够正常生长。宜选择本地筛选出来的，抗逆性较强的品种。在干旱少雨区，选择抗旱性强的品种；寒冷地带要选择抗寒性强的品种。保证果树品种在栽植地区正常生长发育，是选择果树品种的最基本条件。

（2）根据种植目的选择。水果从使用用途上可以分为鲜食和加工，这两种不同的用途，对果实品质的要求也不相同。

（3）市场需求原则。选择的果树品种，要与周边城市的市场需求相适应。在条件允许的情况下，要尽量选择高效、精品的果树品种。在形成地方特色品种的时候应注意，以发展优质、丰产、耐贮藏的品种为主。这样，生产出来的果品销路才会有保证。

（4）管理简单方便。一是修剪量要小或免剪，用工少而树体完美，自然生长的树体良好而无须过多修剪。二是病虫害少，选择抗病虫害强的品种，既降低成本，又减少污染，净化环境。

在实际工作中，应根据周边城市的市场需求，并按照果园的不同类型从适应性、高价值性和管理简便上综合考虑，选择果树的优良品种，并合理搭配，以便获得较高的收益。另外，在品种选择及确立主栽品种的时候，最好是经过省（自治区、直辖市）审（认）定的品种，尽量选用果实外观美、味芳香、口感适宜、品质优良、耐贮运、货架期长、抗病抗虫和适应性强的优良品种，尽量避免同很多地方的主栽品种一致，这样会导致单一品种产量高、销售压力大，也容易引起病虫害的大流行。

8. 观光采摘园品种选择的要求是什么？

随着乡村振兴战略的实施，休闲观光农业、水果采摘园火热起来，不少有志之士加入水果观光采摘园的行业中，但是并不是所有的水果都适合观光采摘。水果观光采摘园兼具生产与游憩功能，在保证果园产量水平稳定、果品优良的前提下，还应考虑场地内景观的丰富性和生态的协调性，做到季季有果，月月有花，一年四季花果飘香。让游客除了果品采摘外还可进行赏花、赏景、农事体验等活动，以发挥出最大的经济效益、生态效益和社会效益。在品种选择时应注意以下几点。

（1）果实大。同期成熟的品种中要选择果实较大的品种。注意结果过多会导致果实变小，可溶性固形物含量降低，品质下降。果实大则硬度变小，虽然不耐贮藏，但是有利于采摘。

（2）树体抗病能力强。抗病能力强的品种可以减少打药的次数，减少了农药残留，使采摘者更加放心。

（3）不同成熟期。成熟期不同可以延长采摘的时间，不同时期采摘者来到果园都有成熟的果实可采。

（4）不同风味。果实风味不仅取决于糖、酸的绝对含量，还与糖、酸含量之比（糖酸比）关系密切，糖酸比适当，风味较好。果实香味是由芳香物质挥发而产生的，这些物质大都为高级醇及高级醇与脂肪酸作用而形成的酯类物质。芳香物质是在果实成熟过程中逐步形成的，采收越晚，芳香物质越多。

（5）不同色泽。果实色泽是果实重要的商品品质，是果实含有不同的色素引起的，它与果实成熟期的光照、温度、钾素含量、环境水分含量密切相关，不同色泽可以引起采摘者的兴趣。

9. 哪些鲜食杏优良品种适于生产栽培？

（1）早金艳。中国农业科学院郑州果树研究所以实生早熟杏为母本、仰韶杏为父本培育而成的极早熟杏新品种，2011年通过河南省林木品种审定委员会审定。果实近圆形，洁净美观，平均单果重 60克，最大果重 105 克。果面光滑明亮，果皮金黄色，果肉橙黄色，由里向外成熟。肉质细软，纤维极少，可食率达 96.5%，汁液多，香气浓，味浓甜，可溶性固形物含量 15.6%，风味极佳。果实发育期55 天左右，郑州地区 5 月上旬果实成熟。该品种早实、丰产，适应性强（图 1）。

（2）玫香。中国农业科学院郑州果树研究所以大果甜仁杏为母本、早熟优质杏为父本杂交选育而成的早熟杏新品种，2014 年通过河南省林木品种审定委员会审定。果实近圆形，平均单果重 97 克，最大果重 142 克。果皮橙黄色，阳面有红晕。果肉金黄色，肉厚质细，纤维少，可食率达 96%，汁液多，甜酸适度，味浓芳香，风味极佳，可溶性固形物含量 14.6%，品质上乘，离核，仁甜。该品种郑州地区 5 月底果实成熟，早实、丰产、稳产、外形美观、适应性强（图 2）。

（3）玫硕。中国农业科学院郑州果树研究所以蜜香为母本、凯特为父本杂交育成的早熟特大果杏新品种，2018 年通过河南省林木品种审定委员会审定，2019 年获国家植物新品种保护授权。果实近圆形，平均单果重 140 克，最大果重 184.6 克。果皮底色金黄色，阳面着红晕，果面光滑。果肉橙黄色，肉厚质细，汁液多，浓甜芳香，可溶性固形物含量 15.1%，离核。郑州地区 6 月初果实成熟（图 3）。

（4）红艳。中国农业科学院郑州果树研究所以串枝红为母本、金太阳为父本人工杂交选育而成的早熟杏新品种，2018 年通过河南省林木品种审定委员会审定，2019 年获国家植物新品种保护授权。果实近圆形，平均单果重 72 克，最大果重 85 克。果顶微凹，果皮底色橙黄色，阳面鲜红色。果肉橙黄色，肉厚质细，果肉硬，纤维少，味酸甜适度，可溶性固形物含量 14.5%。果肉硬溶质，离核，耐贮藏，常温下可贮藏 10~15 天。郑州地区 6 月上旬果实成熟（图 4）。

（5）早红艳。中国农业科学院郑州果树研究所以串枝红自然杂交种子经实生繁育选优培育而成的早熟硬肉杏新品种，2020 年通过河南省林木品种审定委员会审定。果实卵圆形，平均单果重 78.5 克，最大果重 107 克。果顶圆凸，果皮底色橙黄色，阳面鲜红色，有光泽。果肉橙黄色，肉厚质细，果肉厚度 17.56 毫米，汁液多，味甜，芳香浓郁，可溶性固形物含量 16.5%，可食率 96.6%，品质上乘。果肉硬溶质，离核，耐贮藏，常温下可贮藏 10～15 天。郑州地区 5 月下旬果实成熟（图 5）。

（6）黄金油杏（中杏 6 号）。中国农业科学院郑州果树研究所利用从新疆轮台搜集的特异资源种子经实生选优培育而来的杏新品种，2018 年通过河南省林木品种审定委员会审定，2020 年获国家植物新品种保护授权。果实近圆形，平均单果重 29.7 克，最大果重 31.2 克。果顶平，缝合线浅，两侧对称，梗洼中深。果皮中厚，金黄色，光滑无毛。果肉金黄色，肉质软细，纤维少，多汁，芳香浓郁，仁甜饱满，可溶性固形物含量 21.9%。郑州地区 6 月上旬果实成熟（图 6）。

（7）早红蜜。中国农业科学院郑州果树研究所从杏树的实生后代中选育出的早熟杏新品种，2009 年 2 月通过河南省林木品种审定委员会审定。果实近圆形，平均单果重 68.5 克，最大果重 125 克。果皮黄白色，阳面红色。果肉黄白色，肉厚质细，纤维极少，可食率达 97.3%，汁液多，香气浓，可溶性固形物含量达 15.3% 以上。果实成熟期比金太阳杏早 5～7 天，郑州地区 5 月中旬成熟，抗寒、抗病（图 7）。

（8）京骆丰。北京市林业果树科学研究院从骆驼黄自然杂交实生后代中选育出的早熟杏新品种，2017 年 12 月通过北京市林木品种审定委员会审定。果实卵圆形，平均单果重 58.6 克，最大果重 69.8 克。果皮底色橙黄色，着片状紫红色，着色面积大。果肉黄色，肉质细腻，纤维中等，汁多，可溶性固形物含量 14.5%，风味甜，香气中等，离核、仁甜，较耐运输。果实发育期 66 天左右，北京地区 6 月上中旬果实成熟。

（9）京骆红。北京市林业果树科学研究院以极早熟杏品种骆驼黄为母本、极早熟杏品种红荷包为父本进行杂交选育而成的极早熟鲜食杏品种，2018 年 2 月通过北京市林木品种审定委员会审定。果实卵圆形，平均单果重 65.0 克，最大果重 78.4 克。果皮底色黄色，阳面着片状红色。果肉细，肉质松软，纤维中等，汁多，可溶性固形物含量 13.7%，风味甜，香气浓，离核、仁甜。果实极早熟，发育期 59

天左右，北京地区 6 月上旬果实成熟。

（10）京佳 2 号。北京市林业果树科学研究院以串枝红为母本、金玉杏为父本杂交选育成的鲜食加工兼用杏品种，2011 年 12 月通过北京市林木品种审定委员会审定。果实椭圆形，平均单果重 77.6 克，最大果重 118.0 克。果皮底色黄色，果面近 1/2 着深红色红晕。果肉黄色，汁液多，纤维中等，酸甜适口，有香气，可溶性固形物 13.1%。果实发育期 87 天左右，北京延庆地区 7 月上中旬果实成熟。该品种丰产稳产，较抗寒，综合性状优良。

（11）京早红。北京市林业果树科学研究院以中熟品种大偏头为母本、极早熟品种红荷包为父本杂交选育成的极早熟和中熟品种间空档期的鲜食杏品种，2008 年 12 月通过北京市林木品种审定委员会审定。果实心脏形，平均单果重 48 克，最大果重 56 克。果皮底色黄色，果面部分着红晕。果肉黄色，汁液中多，肉质较细，酸甜适口，有香气，可溶性固形物含量 13.3%。北京地区 7 月上中旬果实成熟，果实发育期 65 天左右。该品种丰产，抗日灼，综合性状优良，可填补极早熟与中熟品种成熟期的空档。

（12）京香红。北京市林业果树科学研究院以青密沙为母本、极早熟品种骆驼黄为父本杂交选育成的极早熟和中熟品种间市场空档期的鲜食杏品种，2010 年底通过北京市林木品种审定委员会审定。果实扁圆形，平均单果重 76.0 克，最大果重 98.0 克。果皮底色黄色，着红色，着色面积较大。果肉较细，纤维中多，汁液多，味甜美，香气浓，仁苦，可溶性固形物含量 13.5%。北京地区 6 月中旬果实成熟。该品种以其外观艳丽、风味浓、口感好、丰产、抗性强等特点，填补了我国早熟鲜食杏品种市场的空档。

（13）京脆红。北京市林业果树科学研究院以青密沙为母本、极早熟品种骆驼黄为父本杂交选育成的极早熟和中熟品种间市场空档期的鲜食杏品种，2010 年底通过北京市林木品种审定委员会审定。果实圆形，平均单果重 68.0 克，最大果重 85.2 克。果皮底色黄绿色，着红色，着色面积较大。果肉较硬，仁甜。北京地区 6 月中旬果实成熟。该品种以其外观艳丽、风味浓、口感好、丰产、抗性强等特点，填补了我国早熟鲜食杏品种市场的空档期。

(14) 金宇。河北省农林科学院石家庄果树研究所以宇宙红为母本、金太阳为父本杂交选育而成的极早熟鲜食杏新品种，2014 年 12 月通过河北省林木良种审定委员会审定。果实卵圆形，平均单果重 55.2 克，最大果重 75 克。果皮底色橙黄色，光亮洁净，果面有茸毛，果肉橙黄色，肉质细腻，汁液较多，味甜，口感浓郁，无涩味，香气淡，离核，仁苦，可溶性固形物含量为 14.05%。果实发育期 58 天，河北地区 5 月下旬果实成熟。

(15) 金荷。河北省农林科学院石家庄果树研究所以子荷为母本、新世纪为父本杂交选育出的极早熟杏新品种，2017 年 12 月通过河北省林木良种审定委员会审定。果实大，外观好，平均单果重 58.5 克。果皮底色黄色，阳面有红晕。果肉黄色，酸甜可口，可溶性固形物含量 13.56%，可食率高，离核，主要用于鲜食。该品种结果早，丰产，抗逆性强，河北省中南部地区 5 月中下旬果实成熟。

(16) 金秀。河北省农林科学院石家庄果树研究所以加工杏品种串枝红为母本、早熟杏品种金太阳为父本杂交育成的加工专用杏新品种，2013 年 12 月通过河北省林木品种审定委员会审定。果实卵圆形，平均单果重 65.5 克，最大果重 106 克。果皮底色橙黄色，果面 1/4～1/2 着片状红色。果肉橙黄色，肉质细密，汁液较少，味酸甜浓厚，可溶性固形物含量 12.5%。离核，加工杏脯色泽橙黄，味浓厚，出脯率为 40%。果实发育期 72 天，石家庄地区 6 月中旬果实成熟。

(17) 硕光。河北省农林科学院石家庄果树研究所在大丰杏的自然杂交种子实生苗中选育出的早熟鲜食杏新品种，2009 年 12 月通过河北省林木品种审定委员会审定。果实长圆形，平均单果重 86.08 克，最大果重 106.4 克。果皮底色橙黄色，阳面有少许红晕或无，果面光洁。果肉酸甜适口，可溶性固形物含量 13.2%～14.5%。果实发育期 65～70 天，早熟，丰产。石家庄地区 6 月上旬果实成熟。

(18) 国丰。辽宁省果树科学研究所以串枝红为母本、晚熟杏 XC0431 为父本，通过有性杂交育成的中熟、优质杏新品种，2008 年获国家植物新品种保护授权。果实近圆形，平均单果重 47 克，最大果重 93.4 克。果皮底色黄色，成熟时有红晕，有茸毛，不易剥离。

果肉橙色，肉质松脆，汁液多，味甜，浓香，离核，仁甜，可溶性固形物含量 14.8%。果实发育期 80 天左右，熊岳地区 7 月中旬果实成熟。

(19) 国强。辽宁省果树科学研究所以串枝红为母本、金太阳为父本，通过有性杂交育成的中熟、优质杏新品种，2008 年获得国家植物新品种保护授权。果实卵圆形，平均单果重 46.3 克，最大果重 76.8 克。完熟时果皮橙色，有红晕。果肉橙色，肉质硬脆，可溶性固形物含量 14.8%，汁液中多，味酸甜，离核，仁苦。果实发育期 80 天，熊岳地区 7 月中旬果实成熟。

(20) 国之鲜。辽宁省果树科学研究所以串枝红为母本、金太阳为父本，通过有性杂交育成的优质杏新品种。平均单果重 95 克，最大果重 120 克。果皮橙黄色，茸毛少。果肉硬，橙黄色，离核，仁苦，可溶性固形物含量 14.7%。该品种优质、耐贮运、易丰产，较抗细菌性穿孔病，宜设施栽培或露地栽培。在辽宁熊岳地区，7 月上中旬果实成熟。

(21) 金太阳。山东省果树研究所从美国引进的特早熟欧洲甜杏，2000 年 5 月通过山东省农作物品种审定委员会审定。果实近圆形，平均单果重 67 克。果皮底色金黄色，阳面着红晕，果面光滑。果肉橙黄色，肉厚质细，纤维极少，离核，可食率达 95%，汁液多，有香气，味甜微酸，可溶性固形物含量 14.7%。该品种早实、丰产，花期耐低温，适应性强，耐贮藏。果实发育期约 60 天，郑州地区 5 月中下旬果实成熟（图 8）。

(22) 凯特。山东省果树研究所从美国引进的特大果欧洲甜杏。果实近圆形，平均单果重 106 克。果皮黄色，果肉细软，中汁，味甜，可溶性固形物含量 12.7%，离核，仁苦。该品种可自花结实，早实，丰产，稳产，适应性强，耐贮藏。郑州地区 6 月初果实成熟（图 9）。

(23) 丰园红。西安市杏果研究所采用实生育种的方法，从金太阳的自然杂交后代中选育而成的早熟杏新品种，2008 年 6 月通过陕西省农林作物品种审定委员会审定。果实近圆形，平均单果重 60 克。果皮底色橙黄色，阳面着片状浓红色。果肉可溶性固形物含量

13.5%，味酸甜，汁液多，肉质较硬。该品种丰产，西安地区5月下旬果实成熟（图10）。

（24）秦杏。秦杏是从陕西地区发现的自然实生苗中选育而来。果实近圆形，平均单果重100克。果皮着亮红色。果肉可溶性固形物含量13.0%，味酸甜，汁液多，肉质硬而韧，极耐贮运。该品种丰产，陕西关中地区5月中旬果实成熟。

（25）沙金红。沙金红是产于山西省清徐县边山一带的鲜食加工兼用的好品种。果实扁圆形，平均单果重45克，最大果重65克。果顶平，微凹，缝合线浅且广，两侧对称，果面较光滑。果肉橙黄色，肉厚，质细，有粗纤维，汁多，味酸甜，品质上等，可溶性固形物含量为13.6%，半离核、仁苦。郑州地区6月上旬果实成熟。

（26）仰韶杏。仰韶杏产于河南省渑池县，2006年被审定为河南省优良经济林品种。果实卵圆形，平均单果重87克，最大果重130克。果皮底色橙黄色，阳面着紫红色。果肉可溶性固形物含量14.0%，味甜酸，香味浓，汁液多。该品种丰产，渑池地区6月上中旬果实成熟（图11）。

（27）鲁杏4号。山东省果树研究所以金太阳为母本、巴旦水杏为父本杂交选育成的早熟优良杏新品种，2018年通过山东省林木品种审定委员会审定。果实椭圆形，缝合线明显，平均单果重86.8克，最大果重107.4克。果皮底色黄色，阳面着红晕。果肉金黄色，汁液丰富，酸甜可口，风味浓郁，可溶性固形物含量11.4%～13.5%，可食率95.2%，离核、仁甜。该品种早果性、丰产性强。果实发育期65天左右，山东泰安地区6月上旬果实成熟。

（28）鲁杏6号。山东省果树研究所以金太阳为母本、巴旦水杏为父本杂交育成的早熟杏新品种，2018年通过山东省林木品种审定委员会审定并命名。果实椭圆形、端正，平均单果重86.6克，最大果重102.7克。果皮底色黄色，果肉金黄色，汁液丰富，肉厚核小，可溶性固形物含量12.0%～13.5%，可食率96.0%。果皮较厚，光滑。该品种耐贮运，适应性强，抗旱，抗寒，耐盐碱，细菌性穿孔病抗性较金太阳略差。果实发育期70天左右，山东泰安地区6月上中旬果实成熟。

（29）陇杏1号。甘肃省农业科学院以曹杏为母本，通过自然杂交、实生选育获得的优质中晚熟杏新品种，2015年通过甘肃省农作物品种审定委员会审定。果实圆形，平均单果重70.5克，最大果重82.6克。果皮底色为黄色，阳面着红晕，果面有茸毛。果皮中厚，易剥离。果肉浅黄色，肉质细，纤维少，汁液多，酸甜适口，可溶性固形物含量14.5%。该品种耐寒、耐旱、耐瘠薄土壤，适应性广，抗病性强。果实发育期102天左右，兰州榆中地区8月上旬果实成熟。

（30）陇杏2号。甘肃省农业科学院以金太阳为母本、兰州大接杏为父本进行杂交选育的早熟、大果新品种，2016年通过甘肃省农作物品种审定委员会审定。果实近圆形，平均单果重86.9克，最大果重107.5克，果皮底色黄色，阳面着红晕，果皮中厚，果面有茸毛。果肉橙黄色，肉质厚细，纤维少，汁液多，味酸甜适度，可溶性固形物含量12.2%。种仁饱满，仁甜。兰州安宁地区6月中旬果实成熟。

（31）夏华。山东省果树研究所以凯特为母本、巴旦水杏为父本杂交育成的中熟大果新品种，2018年获得国家植物新品种保护授权。果实圆形，平均单果重172.2克。果面粗糙，果皮有茸毛。果皮底色黄色，阳面着红色，斑点样式，着色面积小，着色浅。果肉黄色，纤维中多，硬度小，香气中，汁液少，可溶性固形物含量13.3%，离核，仁甜。果实发育期约75天，山东泰安地区5月底或6月上旬果实成熟。

（32）春华。山东省果树研究所以金太阳为母本、红荷包为父本通过有性杂交选出的极早熟新品种，2018年通过山东省林木品种审定委员会审定。果实卵圆形，平均单果重59.6克。果皮有茸毛，果皮底色黄色，着红色斑点。果肉黄色，致密细腻，纤维少，质软，香气浓，汁液少，可溶性固形物含量12.5%，离核，仁苦。果实发育期约55天，山东泰安地区5月中旬果实成熟。

（33）玉华。山东省果树研究所以巴旦玉杏为母本，通过实生选种获得的中早熟新品种，2018年获得国家植物新品种保护授权。果实卵圆形，平均单果重73.4克。果实两侧对称，缝合线浅长，梗洼浅，果顶尖圆，有果顶尖。果皮有茸毛，果皮底色橙黄色，阳面着红晕，着色面积小，着红色斑点。果肉颜色橙黄色，质地细腻，纤维少，质软，有香气，汁液多，可溶性固形物含量13.7%，离核，仁苦。果实发育期约70天，在山东省泰安地区5月下旬或6月上旬果实成熟。

（34）金水。山东省果树研究所从泰山水杏实生苗中选育出的优质极早熟杏新品种，2014年通过山东省农作物品种审定委员会审定。果实近圆形，平均单果重79.8克，最大果重104.6克。果皮薄、光滑、有光泽，底色黄绿色，完全成熟时阳面着红晕。果肉橘黄色，汁液中多，肉质致密、细腻，风味酸甜可口，香气浓郁，可溶性固形物含量15.2%。该品种具有早熟、优质、高产、抗病、适应性广等特点。果实发育期56天左右，山东泰安地区5月底果实成熟。

（35）金硕杏。张家口市农业科学院以金寿杏为母本、供佛杏为父本杂交选育出的晚熟杏新品种，2019年获得国家植物新品种保护授权。果实卵圆形，平均单果重85克，最大果重134克。果皮底色为黄色，片红，有红点，果面光滑，果皮有茸毛。果肉黄色，果肉纤维中等，肉质细腻，汁液多，可溶性固形物含量15.5%，离核。果核圆形，仁苦。该品种抗寒性、抗旱性强，病虫害少。果实发育期100天左右，张家口地区7月中下旬果实成熟。

（36）香蜜。山东省林木种苗和花卉站从山东省德州市发现的实生优株中选育出的杏新品种，2018年通过山东省林木品种审定委员会审定。果实近圆形，平均单果重26.3克。果皮橙黄色。果肉黄色，汁液丰富，肉质硬脆，纤维较少，甜味浓，品质上等，可溶性固形物含量11.1%，离核，仁苦。该品种早果性、丰产性均强，抗旱，耐瘠薄，在瘠薄的石灰岩山地能正常生长结果。果实生育期50~55天，山东枣庄地区5月中旬果实开始成熟。

（37）立园。山东省果树研究所以金太阳为母本、红荷包为父本杂交选育出的早熟杏新品种，2018年通过山东省林木品种审定委员会审定。果实椭圆形，平均单果重61.2克。果皮底色黄色，着红色斑点或片状。果肉橙黄色，质地细腻，纤维少，质软，香气无，汁液多，甜酸可口，可溶性固形物含量12.6%。果实发育期约62天，山东泰安地区 5 月中下旬果实成熟。

（38）晋梅杏。陕西省农业科学院从新疆泽普县的实生杏中选育出的中熟杏新品种，2016 年通过陕西省林木品种审定委员会审定。果实近圆形，平均单果重 34.26 克，最大果重 48 克，果个大小整齐。果皮底色黄色，阳面着紫红色，着色程度中，果皮光滑，茸毛稀少，具有光泽。果顶凹入，梗洼浅窄。果肉黄色，质地硬韧，纤维中粗，汁液中多，风味酸甜，具有少许香味，可溶性固形物含量 16%。该品种具有抗霜、抗裂果性，是一个鲜食加工兼用、仁肉兼用的品种。果实发育期 85 天左右，太古地区 7 月初果实成熟。

10. 杏有哪些优良仁用品种？

仁用杏属蔷薇科杏属，以杏仁为主要产品，主要包括生产甜杏仁的大扁杏和生产苦杏仁的各种山杏（西伯利亚杏、辽杏、藏杏和普通杏的野生类型）。仁用杏树是我国重要的经济林树种，是重要的木本粮油资源。仁用杏主要有以下优良品种：

（1）龙王帽。又名大扁、大扁仁、大龙王帽等，原产于河北省涿州市、怀来县、涞水县等地，果实 7 月中下旬成熟，发育期 80～90 天，为著名仁用杏品种。果实长椭圆形，两侧扁，缝合线浅而明显，梗洼有 3～4 条沟纹。单果重 20～25 克，果皮黄色，阳面微有红晕。果肉薄，粗纤维多，汁少，风味酸，不宜鲜食，离核。果核大，单核重约 2.9 克。种仁肥大饱满，香甜，单仁重 0.83～0.9 克，每千克约 620 粒，出仁率 27%～30%，含蛋白质 23% 以上，粗脂肪 58.13%。树势强健，幼树成形快，嫁接后 2～3 年即进入结果期。树体大小年不明显，丰产性强，经济寿命可达 70～80 年。该品种对土壤要求不严，耐寒、耐旱性强，杏仁品质优良，可在华北、西北、东北地区的山地大面积栽培。

（2）一窝蜂。又名次扁、小龙王帽，主产于河北省涿州市，果实 7 月下旬成熟，为优良的仁用杏品种，果肉可以加工杏脯、杏酱等。果实长圆形，梗洼处有较深的沟纹 3～4 条。果顶较龙王帽尖，单果重 10～15 克。果皮黄色，阳面有红色斑点。果肉薄，粗纤维多，汁少，味酸涩，不宜鲜食。果实成熟后沿缝合线开裂。果肉离核，出核率40%，单仁重约 0.62 克，每千克约 1 620 粒，出仁率 30%～35%，仁饱满香甜，含粗脂肪 59.54%。该品种结果早，易成花，极丰产，适应性强，抗寒，抗旱，适宜在偏远干旱的山区种植。

（3）超仁。辽宁省果树科学研究所从龙王帽的无性系中选出。果实长椭圆形，平均单果重 16.7 克，果皮、果肉橙黄色，肉薄，汁极少，味酸涩。果肉离核，核壳薄，出核率 41.1%。仁极大，平均比龙王帽大 14%，味甜。杏仁含蛋白质 26%，粗脂肪 57.7%。该品种丰产、稳产，一至十年生树平均株产果实比龙王帽增加 37.5%。五至七年生树平均株产果实 57 千克。该品种抗寒、抗病能力均强，能耐－36.3～－34.5℃低温。

（4）丰仁。辽宁省果树科学研究所从一窝蜂的无性系中选出，2000 年通过辽宁省农作物品种审定委员会审定。果实扁卵圆形，平均单果重 13.2 克，果皮、果肉橙黄色，肉薄，汁极少，味酸涩，不宜鲜食。果肉离核，核卵圆形，出核率 16.4%。杏仁扁圆锥形，单仁重约 0.89 克，仁大饱满，香甜适口，出仁率高达 39.1%。杏仁含蛋白质 28.2%，脂肪 56.2%。果实 7 月下旬成熟，发育期 90 天左右。该品种坐果率高，早果性好，极丰产。五至十年生树平均株产果实 69.2 千克，平均株产杏仁 4.4 千克，分别比龙王帽增加 42% 和38.5%。该品种抗寒、抗病虫能力均强，是具有潜力的仁用杏优良新品系，以花束状果枝和短果枝结果为主。树体的抗旱、抗寒、抗风、抗病和抗虫能力均较强。

（5）国仁。辽宁省果树科学研究所从一窝蜂的无性系中选出，2000 年通过辽宁省农作物品种审定委员会审定。果实扁卵圆形，平均单果重约 14.1 克。果肉离核，干核重约 2.4 克，出核率 21.3%，仁甜，饱满，平均干仁重 0.88 克，出仁率 37.2%，杏仁含蛋白质27.55%，脂肪 56.2%。7 月下旬果实成熟，果实发育期 90 天左右。树势中庸偏强，树姿半开张，八至十年生树平均株产果实 51.3 千克，产仁约 4.1 千克，丰产性好，自花不结实，以花束状果枝和短果枝结果为主。该品种抗旱、抗风、抗寒、抗病和抗虫能力较强。

（6）北山大扁。又名荷包扁、黄扁子、大黄扁，主产于北京市怀柔、延庆、密云及河北赤城、滦平等地。果实 7 月中旬成熟，发育期约 80 天。果实扁圆形，单果重 17.5～21.4 克。果皮、果肉橙黄色，汁少。果肉离核、核较扁，中等大。仁大而薄，心脏形，味香甜，出仁率 27%左右，单仁重约 0.71 克，每千克约 1 400 粒，含粗脂肪 56%。树势强健，耐旱性强，适宜土层较深厚的山坡地、梯田、沟谷中栽培，产量较高，是仁用杏发展品种之一。

（7）优一。河北省蔚县选育。果实圆球形，单果重 9.6 克，果肉离核。平均单核干重 1.7 克，出核率 17.9%，核壳薄。单仁平均干重 0.57 克，出仁率 43.8%。杏仁长圆形，味香甜。叶柄紫红色，花瓣粉红色，花形较小，花期和果实成熟期比龙王帽迟 2～3 天，花期可短期耐—6℃的低温。该品种丰产性好，有大小年结果现象，是很好的抗晚霜品种，尤其在干旱、贫瘠的山地表现最为突出。

（8）迟梆子杏。主产于陕西省华州区。果实扁圆形，平均单果重 20 克。果皮浓黄色，阳面着红色并有红色斑点。果肉黄色，味甜，品质上等。果肉离核，仁甜，种仁肥大饱满，品质佳，出仁率 25%～35%。果肉可制干，出干率达 20%，为优良的仁、干兼用品种。果实 6 月中旬成熟，适宜山区栽培。树势强健，树冠呈圆头形，以中短果枝和花丛状果枝结果为主。该品种抗风、抗旱、落果少、极丰产，成龄树株产果实可达 200～250 千克。

（9）围选 1 号。河北围场县选出的抗晚霜品种，2007 年通过河北省林木良种审定委员会审定，2010 年通过国家林业局林木品种审定委员会审定。果皮绿色时平均单果重 13.6 克。果实为阔卵圆形，果皮底色绿黄色，阳面有红色。果肉浅黄色，肉质绵，味酸，粗纤维多，果肉适宜加工。果肉离核，核阔卵圆形，平均单核重 2.6 克。种仁饱满，平均单仁重 0.93 克，出仁率 35.7%。仁皮棕黄色，仁肉乳白色，味香甜而脆，略有苦味，杏仁食用、药用均可。花期抗寒性较强，抗杏疔病能力强。树体干性较强，树姿开张，树冠呈自然圆头形。枝条萌芽力强，以短果枝结果为主，腋芽、花芽也可结果。果树一般栽植后 3 年开花结果，五年生树单株产果约 25 千克，单株产核 7.5 千克，7～8 年进入盛果期。

（10）中仁 1 号。中国林业科学研究院经济林研究所从杏优良单株优一的自然实生苗中选育的仁用杏新品种，2008 年通过河南省林木品种审定委员会审定。果实卵形，果皮黄红色，果肉离核，单仁重0.67~0.72克，出仁率38.50%~41.30%，种仁含油率56.70%，其中油酸含量74.10%、亚油酸含量19.90%、蛋白质含量21.96%、氨基酸含量20.33%。树体生长势中庸，开始结果早，丰产，病虫害少，具有较强的抗倒春寒能力。在河南省，果实6月下旬成熟，果实发育期95天左右，是早熟品种。树姿半开张，幼树生长势稍强，成年树生长势中庸，以中、短果枝和花束状果枝结果为主，其中短果枝和花束状果枝的结果量可达全树结果量的65%~80%。该品种自花结实，苗木栽植后第二至第三年开始结果，结果株率93%~100%，4~5年进入盛果期，极丰产，盛果期单株种仁产量2.2~2.6千克，亩*产杏仁92.4~215.8千克。

（11）薄壳1号。仁用杏优一的实生变异品种，2007年通过国家林业局林木品种审定委员会审定。果皮黄色，阳面有红晕，单果重4.7克，单核重1.497克，核壳厚度0.90~1.12毫米，核仁饱满，出仁率为45%。杏仁中蛋白质含量23.8%，脂肪含量51.9%，总氨基酸含量23.42%，油酸含量28.92%，亚油酸含量12.55%。树势中强，树姿较开张，呈自然半圆形。多年生枝灰褐色，皮孔稠密不匀，一年生枝紫红色，幼树结果初期发枝力强。在河北省张家口地区，7月中旬为果实成熟盛期，果实发育期约为90天。杏仁品质优良、出仁率高、果壳薄。果树丰产性强，结果量越大，核壳越薄。盛果期平均株产杏核11.1千克。该品种出核率、出仁率、单株产量、抗寒性和栽培适应性均较优一强。

（12）山苦2号。西北农林科技大学林学院以山杏的自然实生苗中选出的优良植株为接穗，普通杏作为砧木嫁接而来的仁肉兼用的优良品种，2015年通过陕西省林木品种审定委员会审定。果实卵圆形，顶平、微凹，梗洼深，缝合线明显，平均单果重19.32克。果实6月下旬成熟，果皮光滑明亮、橙黄色。果肉较厚、多汁，口感酸甜，离核。果仁饱满，出仁率31.75%，平均单仁重0.3克，味苦。该品种丰产、耐寒、抗病性强，可作为仁用、鲜食兼用品种。植株生长健

---

*亩为非法定计量单位，1亩≈667米^2。——编者注

壮，树势较旺，树姿半开张，以短果枝和花束状果枝结果为主。果实6月上中旬成熟，为早熟品种。一般栽植后第二年果树开始挂果，丰产期亩产鲜果1 231.45千克、杏仁22.77千克。该品种抗寒能力较强，对褐腐病、杏疔病等病害具有较强的抗性。

（13）木瓜杏。从河北省蔚县栽培的实生杏树迟黄中选出的优系，2007年12月通过国家林业局林木品种审定委员会审定。果实长圆形，两侧稍不对称，果皮黄色，阳面有红晕并带深红色果点。果肉厚、黄色，肉质清脆，味酸甜。果肉离核，仁甜。平均单果重59.1克、单核干重2.82克、单仁干重0.499克。果肉可溶性固形物含量14%。杏仁中蛋白质含量30.5%，脂肪含量43.3%，总氨基酸含量18.53%，油酸含量28.92%，亚油酸含量9.14%。在河北省蔚县，7月中旬果实成熟，果实发育期约85天。嫁接苗定植后5年即进入盛果期，山坡地十年生树平均株产果实51.3千克。

11. 李有哪些优良品种？

（1）早红香。中国农业科学院郑州果树研究所以美国引进品种红美丽为母本、日本引进品种大石早生为父本杂交选育而成的早熟优质李新品种，2018年通过河南省林木品种审定委员会审定。果实近圆形，平均单果重56克，最大果重76克。果皮底色黄绿，果皮盖色红色，果面有较厚果粉，果皮中等厚度。果肉为黄色，肉质细、致密、酥脆，纤维极少，汁液多，风味酸甜适度，具芳香味，微香，黏核，可食率达97%。该品种品质上等，结果早，丰产。果实发育期约66天，郑州地区5月底至6月初果实成熟（图12）。

（2）中李3号。中国农业科学院郑州果树研究所从法李自然实生后代中选育而成的中熟李品种，2019年通过河南省林木品种审定委员会审定。果实卵圆形，平均单果重98.2克，最大果重150克。果皮底色黄绿色，大部分着鲜红色。果面有果粉，果皮中厚。果肉黄色，肉质细腻、松脆，汁液多，纤维少，风味酸甜，有淡香气，可溶性固形物含量16.4%，可食率在97%以上。果实发育期约120天，郑州地区7月下旬果实成熟（图13）。

（3）中李5号。中国农业科学院郑州果树研究所从青脆李自然实生后代中选育而成的中熟李品种，2020年通过河南省林木品种审定委员会审定。果实近圆形，平均单果重47.6克，最大果重59.1克。果顶扁平，果皮黄绿色，果面不光滑，有果粉。果肉黄色，肉质硬脆，汁液多，纤维少，味酸甜适度，可溶性固形物含量15.0%，可食率97.9%。郑州地区7月中旬果实成熟（图14）。

（4）南红1号。中国农业科学院郑州果树研究所选育的优系。果实扁圆形，平均单果重70克。果皮有花纹，果肉鲜红色，味香甜，肉质较硬，汁液多，可溶性固形物含量17%。郑州地区7月中旬果实成熟（图15）。

（5）青榇。果实心形，平均单果重80克。果皮绿色，肉质紧密，汁液中多，脆甜，叫溶性固形物含量14.8%。该品种耐贮运，丰产，郑州地区7月下旬果实成熟（图16）。

（6）宛青。重庆市农业科学院从巫山脆李实生种群中选育出来的优质晚熟青脆李新品种，2019年通过重庆市农作物品种审定委员会审定。果实扁圆形，果尖略凹入，梗洼浅，缝合线浅，果实两侧较对称，果皮绿色，偶着少量红色，果粉较厚，平均单果重34.9克，最大果重58克。果实整齐度高，果皮与果肉难剥离，果肉淡黄色或黄色，肉质硬，离核，可溶性固形物含量16.4%。在重庆巫山地区8月上旬果实成熟。

（7）兴华李。华南农业大学从广东地方品种三华李中经无性系选育出的中熟李新品种，2019年通过广东省农作物品种审定委员会审定。果实近球形，稍扁，缝合线较浅，两侧较对称，平均单果重60克。果顶平或微凹，梗洼深和宽中等，充分成熟后果皮上有环纹，果皮较薄，成熟时浅红色，布满淡黄色斑点，果粉较厚。果肉红色，纤维少，汁多，酸甜，黏核，可溶性固形物含量9.1%。在海宁市海拔200米以下地区5月底到6月初果实成熟。

（8）蜂糖李。贵州省安顺市农业科学院等单位在贵州省安顺市镇宁县六马镇发现的中熟李新品种，2016年通过贵州省农作物品种审定委员会审定。果实圆形，果顶一侧微凸，果皮淡黄色、被蜡粉，蜡质有光泽，平均单果重35.3克，最大果重65.9克。果肉质细而紧密，硬溶质，粗纤维较少，汁液中多，清脆爽口，味浓甜似蜂蜜，可溶性固形物含量 16.1%。在黔中区域 6 月下旬果实成熟。

(9) 秋甜李。黑龙江省农业科学院牡丹江分院以黄水李为母本、小核李为父本杂交选育而成的晚熟李新品种，2011 年通过黑龙江省农作物品种审定委员会审定。果实卵圆形，大小整齐，平均单果重 82.5 克，最大果重 102 克。果皮底色黄绿色，果面鲜红，果粉中等厚，果点密、小、白，果顶圆凸。果肉离核，淡黄色，果汁含量中等，肉细，纤维少，风味酸甜，可溶性固形物含量 11.2%。在黑龙江省东部地区 9 月上旬果实成熟。

(10) 绥李 5 号。黑龙江省农业科学院浆果研究所以绥李 3 号为母本、月光李为父本杂交选育而成，2010 年通过黑龙江省农作物品种审定委员会审定。果实呈卵圆形，果顶尖，梗洼深而广，缝合线中，果实两侧对称，果粉中，果皮底色黄绿色，果面鲜红色。果肉黄色，汁液中多，纤维少，平均单果重 68.0 克，最大果重 89.9 克，黏核，风味酸甜，可溶性固形物含量 13.1%。在黑龙江省 8 月上旬果实成熟。

(11) 一品丹枫。中国农业科学院果树研究所、吉林省农业科学院以孔雀蛋实生李为母本、观赏李品种长春彩叶李为父本，杂交选育而成的鲜食观赏兼用的李新品种，2014 年通过吉林省农作物品种审定委员会审定。果实圆形，果顶平，缝合线平，平均单果重 15.9 克。成熟果皮紫红色，果肉红色，肉质松软、多汁，纤维细，风味酸甜，可溶性固形物含量 14.7%。在辽宁省兴城露地栽培 8 月下旬果实成熟。

(12) 北国红。长春市农业科学院、吉林省农业科学院以抗寒孔雀蛋实生李为母本、不抗寒辽宁紫叶李为父本杂交培育成的鲜食观赏兼用的抗寒紫叶李新品种，2009 年通过吉林省农作物品种审定委员会审定。果实略长圆形，平均果重 17.8 克，最大果重 22 克。梗洼浅，缝合线平，果实两侧对称，果粉较厚。幼果果皮红色，成熟果实果皮紫红色。果肉黏核，纤维少，果汁多，可溶性固形物含量 12.4%。在公主岭地区 8 月中下旬果实成熟。

(13) 龙滩珍珠李。广西大学农学院等单位从广西天峨县实生野生李中选育出来的李新品种，2009 年通过广西壮族自治区农作物品种审定委员会审定。果实近圆形，大小均匀，平均单果重 21.0 克。果皮深紫红色，果粉厚。果肉淡黄色，肉质脆爽，完全离核，风味浓甜，可溶性固形物含量 13.3%。广西地区 7 月底至 8 月上旬果实成熟。

（14）秋香李。辽宁省果树科学研究所等单位从辽宁省盖州市杨运镇发现的香蕉李晚熟芽变品种，经过人工多代无性繁殖和异地栽培鉴定选育而成，2007 年通过辽宁省非主要农作物品种审查登记。果实卵圆形，果顶平，微凹，梗洼深而狭，果皮紫红色，果粉厚，两侧对称，平均单果重 60.9 克，最大果重 100 克。果肉橙黄色，肉质硬脆爽口，酸甜浓香，果汁中多，无裂果，可溶性固形物含量 13.1%。辽宁地区 9 月下旬果实成熟。

（15）特早红。山东省果树研究所从北美引进的种质资源中选出的早熟优良李新品种，2012 年通过山东省林木品种审定委员会审定。果实卵圆形，果形端正，果个中大，平均单果重 76.0 克，最大果重 102 克，缝合线浅，两侧对称。果皮底色浅绿色，果面光滑，完熟后果实全红，艳美亮丽。果肉黄色，肉质脆，果汁中多，风味甜、爽口，可溶性固形物含量 12.4%。泰安地区 6 月中下旬果实成熟。

（16）金山晚脆李。重庆市南川区经济作物技术推广中心从重庆市南川区地方青脆李实生树中选育出的晚熟李新品种，2020 年通过重庆市农作物品种审定委员会审定。果实中等大，近圆形，果顶平，缝合线浅，两侧较对称，平均单果重 30.1 克。果皮底色绿色至绿黄色，皮薄，果粉厚。果肉浅黄色，肉质致密，香味浓郁，脆嫩，酸甜适度，离核，可溶性固形物含量 16.7%。在重庆市南川区海拔 750～1 050 米地区 9 月中下旬果实成熟。

（17）酒泉香脆李。重庆市农业技术推广总站组织脆李专家团队从地方李品种青脆李芽变植株中选出的新品种，2020 年通过重庆市农作物品种审定委员会审定。果实扁圆形，单果重 57.9 克。果顶微凹，梗洼浅，缝合线浅，两侧对称，果粉较厚，果皮底色绿色至绿黄色，果梗处略带黄色，中等厚，果皮与果肉难剥离。果肉绿黄色，汁液多，肉质致密、脆，纤维少，酸甜适中，可溶性固形物含量 13.4%。在巫溪县地区 7 月中下旬果实成熟。该品种较丰产，耐高温高湿和寡日照气候，在三峡库区海拔 800～1 200 米区域适应性好。

（18）吉中大。吉林省农业科学院以大紫李为母本、吉红李为父本杂交选育而成的李新品种，2014 年通过吉林省农作物品种审定委员会审定。果实扁圆形，平均单果重 57.8 克，果顶凹，缝合线深，果点大。成熟果实果皮紫红色，果肉黄绿色，肉质脆，纤维细，汁液较少，离核，可溶性固形物含量 14.5%，风味甜酸，鲜食品质上等。该品种抗寒性强，高抗李红点病，较抗细菌性穿孔病。吉林地区露地栽培 7 月末至 8 月初果实成熟，果实发育期 90 天左右。

（19）国美。辽宁省果树科学研究所以龙园秋李为母本、安哥诺为父本杂交选育而成的早中熟李新品种，2013 年通过辽宁省非主要农作物品种备案委员会备案。果实扁圆形，平均单果重 48.7 克，大果重 86.5 克。果皮紫红色，果肉黄色，肉质硬脆，汁多味甜，风味浓郁，可溶性固形物含量 16.0%。辽宁熊岳地区 7 月下旬果实成熟。

（20）国丽。辽宁省果树科学研究所以龙园秋李为母本、黑琥珀李为父本杂交选育出的中熟李新品种，2017 年获得农业部国家植物新品种保护授权。果实扁圆形，平均单果重 50.3 克。果皮紫红色，果肉橙黄色，晚熟时红色，肉质松脆，汁多，味甜，香味浓，可溶性固形物含量 14.7%。果实发育期 92 天左右，辽宁省熊岳地区 7 月底果实成熟。

（21）国峰 2 号。辽宁省果树科学研究所以晚熟香蕉李为母本、秋姬为父本，通过有性杂交育成的极晚熟、优质李新品种。果实圆形，果顶平，梗洼深而狭，缝合线浅，两侧对称，平均单果重 115克，大果可达 132 克。果实整齐度好，果皮底色黄绿色，成熟时果皮红色，不易剥离。果肉黄色，近皮红色，肉质硬脆，可食率高。果肉汁多，风味浓郁，品质极上，半离核，可溶性固形物含量 13.2%。该品种优质、耐贮、果个大、丰产、栽培适应性强。果实发育期 117天，在盖州小石棚地区 8 月下旬果实成熟。

（22）国峰 7 号。辽宁省果树科学研究所以龙园秋李和澳 14 杂交育成的极晚熟、优质李新品种。果实扁圆形，果顶平，梗洼深而狭，缝合线浅，两侧对称，平均单果重 83.8 克，大果可达 109 克。果实整齐度好,果皮底色黄绿色,成熟时果皮紫黑色,不易剥离。果肉黄色,近皮红色,肉质硬脆,风味浓郁,半离核,可溶性固形物含量18.0%。该品种风味浓郁、耐贮运、抗寒性强、早果性和丰产性好,适合设施栽培或露地栽培。果实发育期115天左右,盖州小石棚地区8月中旬果实成熟。

(23)国峰17号。辽宁省果树科学研究所以海城苹果李为母本、秋姬为父本,通过有性杂交育成的极晚熟、优质李新品种。该品种果实圆形,平均单果重118.5克,大果重142.5克。果皮底色黄绿色,成熟时果皮紫红色,不易剥离。果肉黄色,近皮红色,肉质硬脆,可食率高。果汁多,风味浓郁,果肉半离核,可溶性固形物含量14.8%。该品种优质、耐贮、果个大、外观美、抗寒性较强。果实发育期120天左右,在盖州小石棚地区8月下旬果实成熟。

(24)大石早生。1983年从日本引入国家果树种质熊岳李杏资源圃的极早熟李品种,1994年通过辽宁省品种委员会审定。果实卵圆形,单果重41~53克,最大果重70克。果皮底色黄绿色,阳面红色。果肉淡黄色,质细、松脆,细纤维较多,汁液多,味甜酸,微香,可溶性固形物含量11.5%。果肉黏核,核小,可食率97%。果实发育期60天左右,郑州地区6月上旬果实成熟(图17)。

(25)秋姬。从日本引进的特大李新品种。2014年通过福建省农作物品种审定委员会审定。果实长圆形,单果重130~230克。果面光滑亮丽,完全着色后呈现浓红色,其上分布黄色果点和果粉。果肉橙黄色,果肉厚,肉质细密,品质优,味浓甜且具香味,可溶性固形物含量18.5%。果肉离核,核极小,可食率97%。果肉硬,耐贮运。郑州地区8月下旬果实成熟(图18)。

(26)安哥诺。山东省1994年从美国引进的晚熟李品种,9月下旬果实成熟,果实扁圆形,平均单果重100克,最大果重150克,果皮深紫红色,果肉可溶性固形物含量14.5%,味甜酸,香味浓。该品种肉质细脆,汁液多,耐贮运,丰产(图19)。

(27)紫琥珀。该品种原产于美国,是黑宝石与玫瑰皇后的杂交后代,是丰产稳产、果大质优的中熟布朗李品种。果实近圆形,平均单果重70克。果皮全面着紫红色。果肉可溶性固形物含量13.5%,

味甜，汁液中多，有香味。郑州地区 6 月下旬果实成熟（图 20）。

（28）耶鲁尔。该品种原产于美国。果实椭圆形，平均单果重 60 克。果皮全面着紫色，果皮厚，易剥离，果粉厚，呈灰白色。果肉黄绿色，质地较硬，细而致密，味甜，汁液中多，有香味，可溶性固形物含量 17.3%。郑州地区 6 月下旬果实成熟。果实耐贮运，丰产（图 21）。

（29）李王。该品种原产于日本。果实近圆形，平均单果重 100 克，最大果重 160 克，果皮浓红色，果肉橘黄色，多汁，香气浓，味甜，酸味少，可溶性固形物含量 14.5%。果实耐贮运，丰产，品质极上。郑州地区 6 月中旬果实成熟（图 22）。

（30）幸运李。该品种原产于美国。果实椭圆形，平均单果重 110.5 克。果皮红色，果粉中厚，果肉黄色，致密多汁，品质上等，味甜酸，香味浓，可溶性固形物含量 12.9%。果实发育期 125 天左右。

（31）黑宝石。该品种原产于美国，20 世纪 90 年代引进我国，属晚熟品种。果实扁圆形，平均单果重 100 克。果皮全面着紫黑色，果粉厚呈霜状，果肉黄白色，可溶性固形物含量 15.0%，味酸甜，汁液多，肉质硬而细脆。果实耐贮运，极丰产，8 月中旬成熟（图 23）。

12. 西梅是梅吗？主要有哪些品种？

西梅（*Prunus domestica* L.）是蔷薇科李属植物，英文名为 European plum，美国人一般称之为 Prune，中国人称之为西梅或欧洲李。西梅虽被称为欧洲李，却起源于西亚，更确切地说是 2 000 多年前从高加索山脉和黑海东部的一些地区传入欧洲，并且在欧洲中南部、西部以及巴尔干半岛地区大面积种植。随着西梅在美国的发展以及品种的更新和引进，目前越来越多的人称其为 Dried plum。

西梅虽与李同属，但其品质、果形、色泽、抗性、保健价值以及贮藏性远在普通李之上，被称为第三代功能性水果。西梅芳香甜美，口感润滑，果实营养丰富，富含维生素、矿物质、抗氧化物质及膳食纤维，被称为"肠道清道夫"。同时西梅还含钾、铁等矿物质，不含脂肪和胆固醇，具有排毒养颜、抗衰老和提高免疫力的功效，是现代人的健康果品，故有"奇迹水果""功能水果"之美誉。西梅抗寒，抗旱，适应性强，品质优良，综合性状优良，售价高，效益好，深受果树栽培爱好者喜欢，发展前景广阔。西梅果实除鲜食外，还可以制作西梅水果蛋糕、西梅干、西梅酵素、西梅果汁、西梅冰激凌、西梅果酱等。

西梅品种有：理查德早生、女神、法兰西、总统、卯爷、蓝蜜、来客、大玫瑰、斯坦雷、苏格、红西梅、黄金西梅、优萨、金西梅、蒙娜丽莎、爱丽娜等。已引进我国且有较大种植面积的品种有：女神、红西梅、法兰西、优萨、蓝蜜、来客、大玫瑰等。

13. 什么是杏李？与李、杏相比有哪些特点？

杏李是通过杏、李种间杂交获得的新品种的简称，其果树属核果类果树，美国杏李包括 Plumcot、Aprium 和 Pluot3 个新品种系列。其中，Plumcot 系列是将具有优良特性的李（Plum）和杏（Apricot）进行种间杂交，然后从其子代中选育出具有目的性状的种间杂种。在 Plumcot 系列品种中，李（Plum）和杏（Apricot）基因各占 50%。Pluot 或 Aprium 则是将李或杏再与 Plumcot 系列杂种回交而培育出的种间杂交新品种。2000 年国家林业局将"杏李杂交新品种引进"列入"948"项目，由中国林业科学研究院经济林研究所主持实施。

与李、杏相比，杏李品种除兼具了李和杏的口感优点，还具有果实外观艳丽、气味独特芳香、味道鲜美、营养丰富、果大早实、高产稳产、耐贮藏、收获期适宜、果树适应性强、经济价值高、食用价值高等优点，国内外市场前景广阔，具有较高的栽培推广价值。

14. 杏李目前有哪些主要品种？

杏李品种包括风味玫瑰、风味皇后、味馨、味帝、味王、味厚、恐龙蛋、红天鹅绒、红绒毛、加州天鹅绒和黑玫瑰等品种，通常所说的杂交杏李是指前 7 种，其果实口感、品质多接近于李，李的遗传背景占比 75% 以上，杏的遗传背景占比 25% 以下（味馨除外，杏的遗传背景占比为 75%）。

15. 杏李的栽培适宜区域有哪些？

杏李是由杏和李通过多代杂交、回交获得的新兴水果品种，被认为是 21 世纪最具发展潜力的水果之一。杏李具有果个大、果面色泽艳丽、含糖量极高、果肉质硬香甜、耐贮运、树体病虫害少、高产、收获期长、适应性强、抗旱、抗寒等突出优点，在大部分李、杏适生区均可栽培。我国的河南、河北、陕西、湖北、四川、云南等省大部分地区及甘肃、吉林、新疆等省部分地区均为杏李的适生区域。从市场效益和适生区域看，发展杏李前景广阔。

16. 杏李栽培中应注意哪些问题？

（1）授粉树配置。杏李是种间杂交后代，花属两性花，雌蕊和雄蕊虽发育正常，但由于双方继承上代基因成分的比例不同，存在亲和力不强的问题，生产上需配置相应的授粉树才能保证坐果率。应选择花期相遇且相互授粉坐果率高的品种搭配授粉，比如风味玫瑰搭配味帝，恐龙蛋、味厚、风味玫瑰、味王相互搭配均可。

（2）整形修剪。风味玫瑰、味帝、恐龙蛋、味厚应修剪成疏散分层形，味王应修剪成纺锤形。幼树或初果期树的主枝延长枝短截，直立枝以疏为主，冬季轻剪缓放，夏季以拿、拉、撑、别为主。味王适当多短截、摘心，以促生分枝；味厚生长期应疏除过弱、过密枝，注意开张主枝角度，打开层间距离，培养丰产树形，促进早结果、结好果。

（3）合理施肥。缺肥会导致杏李落果，应注意适时追肥，特别是落花后 2 周左右的果实膨大期，对养分需求量大，应及时进行根部追肥和叶面喷肥。

（4）防病治虫。杏李种植中比较常见的病害有叶片细菌性穿孔病、枝干和果实褐腐病、枝干流胶病等。一般李、杏上常见的害虫比如蚜虫（早春）、李实蜂（盛花末期）、金龟子等，均有可能危害杏李。为达到高产、稳产的目的，需进行必要的病虫害防控。

（5）适时采收。杏李在形态成熟后 3～5 天就要采收，以减少不必要的损失。

（6）其他。杏李果实发育中后期裂果落果现象严重，造成这种现象的主要原因有虫害、营养失调、水分失调和雀鸟危害等，极大地影响了杏李果实产量和商品性。

17. 适宜加工的李、杏品种有哪些？

（1）适宜鲜食及加工的杏品种。沙金红、新世纪杏、金太阳杏、凯特杏、张公园杏、泰安水杏、甘玉、香白杏、山农凯新1号、山农凯新2号、玛瑙杏、旬阳荷包杏、仰韶黄杏、金皇后、巴斗杏、唐汪川大接杏、兰州大接杏、华夏大接杏、孤山杏梅、红金榛、阿克西米西（小白杏）、关爷脸、克孜尔苦曼提、意大利1号杏、三原曹杏、白水杏、串枝红杏、石片黄等。

（2）既可仁用又可制干的杏品种。双仁杏、龙王帽、一窝蜂、白玉扁、优一、超仁、油仁、丰仁和国仁等。

（3）适宜鲜食及加工的李品种。美国大李、神农李、帅李、大石中生、长李84、红心李、玉黄李、芙蓉李、绥棱3号、耶鲁尔等。

三、苗木繁育

18. 苗圃地的选择条件是什么？

在选择苗圃地时，要全面考虑当地自然条件和经营条件等因素。苗圃地选择得当，有利于创造良好的经营管理条件，提高经营管理水平。在影响苗圃地选择的各种因素中，应主要考虑气候、土壤、水分、地形、土地原用途、生产潜力、土地可获性及价格、位置等因素。精细地选择和规划苗圃地，加上适宜的管理措施是建立经济、高产、优质苗木所必不可少的条件。根据当地的具体情况，苗圃地宜选择坡度在5°以下、土层较厚（60～80厘米）、保水及排水良好、灌溉方便、土壤肥沃的壤土，以及风害少、无病虫害、交通方便的地方。过于黏重、瘠薄、干旱、排水不良或地下水位高（1米以上）以及含盐量过多的地方，都不宜选作苗圃地。苗圃地形要较整齐，以便日常管理。

19. 怎样进行苗圃地规划？

苗圃地规划要以因地制宜、充分利用土地、提高苗圃工作效率为原则，安排好道路、灌排系统和房屋建筑，并根据育苗的多少，划出采穗区、播种区、嫁接区、成苗区、假植苗区等。同一种苗木如连作，会降低苗木的质量和产量，故在分区时要适当安排轮作地。一般情况下，同一块苗圃地不可连续用于育同种果苗，育过一次苗后要隔2～3年之后方可再育同种果苗。轮作的作物，可选用豆科、薯类等。播种地不宜选在长期栽过易感染猝倒病的作物（如棉花）的地段。苗圃地的整地一般在秋冬季节进行为好。

非生产用地包括道路、排水、建筑以及防风林等。苗圃道路的设置和宽度应根据地理条件，结合分区而定。通常面积在100亩以上的苗圃，主干路宽度应达6米；若面积在100亩以下，通常只需设4.5米宽。支路可以结合分区进行设置，一般宽3米左右。小路（宽1.5米）和步道（宽0.6米）常结合小区、作业区的划分进行设置。房舍建筑应以不占好地为原则。

20. 李、杏苗的繁育方法有哪几种？

杏树苗木的繁殖方法主要有实生繁殖法和嫁接繁殖法。实生繁殖法即直接播种长出苗木的方法。优点在于繁殖方法简单，成本低，便于大量繁殖。尤其在山区，用实生繁殖方法繁育的苗木主根明显，根系发达，对环境的适应能力强。缺点是品种性状不稳定。因此，现在实生苗多做以下用途：作砧木、荒山荒地营造水土保持林、新品种选育。嫁接繁殖法是在实生苗上，通过人为嫁接培育苗木的方法。因为嫁接苗保持了原有品种的优良性状，所以目前生产上被广泛应用。但通过嫁接方法繁殖苗木，费时费工，成本相对较高，技术要求复杂。

李树苗木的繁殖方法有实生繁殖法、嫁接繁殖法、分株繁殖法。实生繁殖是用成熟种子秋播或将种子沙藏后春播，播后要注意对苗床勤喷水，保持土壤润湿，幼苗应搭棚遮阳，入冬前要埋土防寒。分株繁殖于早春萌芽前或秋冬落叶后进行，挖取从根际萌生的蘖条，分切成若干单株，或将2~3条带根的萌条分为1簇，进行移栽。分栽后要及时浇透水，注意保墒，必要时予以遮阳，旱时浇水。嫁接繁殖可用桃、梅、山桃、李、杏的实生苗作砧木，7—9月用芽接法嫁接。接穗选取发育充实的一年生枝条，取其有2个以上饱满芽的中段，接后覆上细土盖住接穗，芽接多用T形接法，嫁接后10天左右，芽新鲜，叶柄一触即落可判定嫁接成活，数日后即可去除扎缚物。

21. 李、杏树常用砧木有哪几种？

李、杏树在生产上普遍采用嫁接繁殖法，适用的砧木有毛桃、山桃、杏和李等，这些砧木的亲和力高。

（1）杏树砧木。根据各地多年的经验，生产上育杏苗，常采用本砧（也称共砧）和异砧两种形式。本砧主要有山杏、蒙古杏、辽杏、西伯利亚杏、藏杏、普通杏等。异砧主要有桃、李、梅、毛樱桃等。山杏作杏砧耐旱怕涝，实生苗生长快，嫁接杏成活率高，寿命长，对土壤适应性强，根癌病少，且种小仁饱，成苗率高；蒙古杏、辽杏作杏砧，可提高嫁接苗的抗旱和抗寒力，但偶尔有小脚现象，多用于内蒙古、东北等地；西伯利亚杏作杏砧不仅可提高嫁接苗的抗旱和抗寒力，而且还可矮化植株；藏杏作杏砧抗寒力略低于西伯利亚杏，但抗旱力很强；普通杏作杏砧抗逆性较差，且变异大，砧木苗生长不整齐。桃作杏砧，幼树生长较快，进入结果期早，果实品质好，对盐碱和干旱抵抗力较强，但寿命稍短，有的品种接穗与砧木接合部牢固性差；李作杏砧，有轻度矮化作用，但萌蘖很多；梅作杏砧，亲和力弱，嫁接成活率低，抗寒力也差；毛樱桃作杏砧，砧穗亲和良好，有矮化作用，但果实偏小。

（2）李树砧木。以各地的实践经验看，毛桃、山桃、山杏、毛樱桃、李等均可作为李树的砧木，选择砧木还要根据不同气候土壤条件而定。北方常用本砧、毛桃、山桃、杏、梅、榆叶梅、毛樱桃等作砧木，本砧较适宜平原地区，耐涝性较强；毛桃砧生长迅速，但对低洼黏重土壤不适宜，且寿命较短，根癌病较多；杏砧、山桃砧抗寒抗旱力较强，适宜山地、丘陵等地；梅砧生长较缓慢，结果较迟，但树的寿命较长；榆叶梅砧嫁接亲和力好、生长快；毛樱桃砧根系较浅，抗旱性较差，应该种植在有灌溉条件的地方。南方多用本砧，嫁接亲和力强，生长结果好，但易长出根蘖。

22. 怎样进行砧木种子沙藏处理？

春播时种子要提前沙藏 2 个月左右。12 月中旬，将筛选好的种子用冷水浸泡 1～2 天，让种子吸足水分，再用 0.1% 高锰酸钾溶液浸泡消毒，清水冲洗 3 次，将种子与湿沙按 1∶3 的比例混合，用清水拌湿，湿度以手握可成团而不滴水、一碰即散为准。在底部有排水孔的容器中先铺 1 层 10 厘米厚的湿沙，然后装入混有种子的湿沙，再在上面撒盖 5 厘米厚的湿沙，将容器埋在地势干燥的背阴处，并用稻草等覆盖，既防止雨雪侵袭又保证通风透气，防止种子发霉腐烂。

23. 怎样确定播种时间?

适宜的播种时期,应根据当地气候、土壤条件以及不同树种的种子特性来决定。露地栽培时应把旺盛生长期安排在气候适宜的月份,育苗移栽的日期要根据幼苗定植日期、采用的育苗设施及培育成苗所需的天数推算。根据不同果树苗木种类、品种特性、气候条件、栽培方式及市场需求,可分为春播、秋播。

(1)春播。冬季风沙大、土壤干旱、严寒、土质黏重或鸟、鼠害严重的地区,多进行春播。春播在春季土壤解冻后进行,但春播的种子必须经过层积处理或催芽处理,使其通过后熟解除休眠才能播种。

(2)秋播。冬季较短且不太寒冷和干旱,土质较好又无鸟、鼠危害的地区可秋播,使种子在土壤中通过后熟和休眠。秋播种子翌年春出苗早,生长期较长,苗木健壮。播种后在播种沟上面覆土,起5~8厘米高的垄,以利于保持土壤湿度和防止早春地温上升快而萌芽过早,为保持湿度应在土壤解冻前灌水,土壤解冻后灌水土壤表面容易板结,影响种子萌发出土,种子萌发前应松土平垄。

24. 怎样确定播种量?

播种量是指单位面积内计划生产一定数量的高质量苗木所需要种子的数量。播种量不仅影响产苗数量和质量,也与苗木成本有密切关系。为了有计划地采集和购买种子,应正确计算播种量。计算播种量的公式如下。

播种量(千克/亩)=每亩计划出苗数/(种子发芽率×种子纯净度×每千克种子粒数)

公式计算出的是理论播种量,在实际育苗过程中,影响成苗出圃数量的因素很多,故在实际生产中应视土壤质地松硬、气候冷暖、病虫草害、雨量多少、种子大小、播种方法等情况,适当增加播种量,一般要比理论值高10%~20%。李、杏砧木每千克种子粒数及播种量见表1。

表1　李、杏砧木每千克种子粒数及播种量

砧　木	每千克种子粒数	播种量（千克/亩）
毛　桃	200～300	50～70
山　桃	300～600	40～60
山　杏	800～900	30～40
小黄李	1 400～1 600	20～30
榆叶梅	3 000～3 600	15～20
毛樱桃	10 000～12 000	10～15

25. 砧木种子怎样采收与保存？

用作育苗的种子，必须到果实充分成熟后再采收。一般情况下，果实采收后要及时剥去和洗净核表面的果肉，严禁堆放果实，以免造成因果实腐烂温度升高、含氧量减少、水分不易散失而烂种的现象。如果果实较多，不能及时剥出种子，可将果实放入缸内或堆积起来使果肉软化，堆积期间要经常翻动，切忌发酵过度，温度过高，影响种子发芽率，果肉软化后取种，用清水冲洗干净。洗净的种子应放在阴凉通风处晾干，防止日光下暴晒，造成种子过量失水而降低生命力。晾干的种子放置在干燥通风的地方贮藏。

26. 砧木种子播种前应如何处理？

李、杏砧木以杏砧、桃砧为宜。用作培育砧木苗的种子，必须选用当年采收的成熟度高、颗粒均匀、种仁饱满、无病虫危害的杏种和桃种。

为促进种子提早发芽，应于冬季进行沙藏，可以缩短种子发芽的时间，保证出苗整齐。沙藏前，要将种子用清水浸泡24～36小时，然后漂洗，清除杂物及霉烂的种子，漂洗完后按1∶3的比例将种子与湿沙混拌，湿沙含水量为60%～70%，即手握成团为宜。

沙藏的坑穴没有严格的要求，大小以种子的量决定，深度40～50厘米，放入种子之前，坑底先铺垫一层10厘米厚的湿沙，然后将混拌好的种子倒入坑内，加盖一层编织袋作为隔离层，接下来填土，

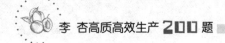

将坑填满即可。

将沙藏处理的种子，在播种前半个月取出，堆放在背风向阳处催芽。为使种子发芽整齐，催芽时要经常上下翻动，以便温度一致。待70％的种子破壳漏白时即可开始播种。

27. 怎样确保砧木种子质量？

用作育苗的种子，必须到果实充分成熟后再采收。果树种子成熟过程分为生理成熟和形态成熟两个时期。多数果树种子是在生理成熟以后进入形态成熟，生产苗木所用的种子多采用形态成熟的种子。鉴别种子形态成熟，主要根据果实颜色转变为成熟色泽，果肉变软，种皮颜色变深而具有光泽，种子充实，含水量减少，干物质增加等确定。

果实采收后要及时剥去和洗净种子表面的果肉，严禁堆放果实，以免造成因果实腐烂温度升高、含氧量减少、水分不宜散失而烂种的现象。洗净的种子应在背阴处晾干，防止日光下暴晒，造成种子过量失水而降低生命力。晾干的种子放置在干燥通风的地方贮藏。

充分成熟的种子表面鲜亮、种壳坚硬、种仁饱满，剥开呈白色。若种壳发污，种仁变黄或瘪瘦，则发芽率、出苗率均低，即使出苗也不健壮，因此不宜作种子用。

28. 怎样鉴别砧木种子生活力？

种子生活力又叫种子生命力，反映种子潜在的发芽能力，是评价种子质量的重要指标。一批种子的生活力不仅决定这批种子的使用价值、使用期限，而且还是计算苗床播种量、出苗率的重要因素。因此，鉴定种子生活力是播种育苗前的一项重要准备工作，常用的方法有目测法、染色法和发芽试验法。

（1）目测法。就是直接观察种子的外部形态的方法。凡种粒饱满、种皮有光泽、种粒重而有弹性、胚及子叶呈乳白色的种子都具有生活力。李、杏等核果类种子种壳坚硬，应检查胚及子叶状况，然后计算有生活力种子的百分数。

（2）染色法。常用的染色剂有氯化三苯基四氮唑（TTC）、碘-

碘化钾、靛蓝等。①TTC 染色法。应用种子在呼吸作用中对 TTC 的还原作用而伴随的颜色变化来测定种子的生活力，是一种简单、快速测定种子生活力的方法。将供检种子浸种处理后，取出种子，浸入 0.1％～1％TTC 溶液中，置黑暗或弱光下保持 30℃左右染色 3 小时以上，有生活力的种子，种胚被染成红色，根据观察结果，计算种子生活力。②碘-碘化钾染色法。将供检种子浸种 18～24 小时，并催芽 3～4 天，取出种子，浸入碘-碘化钾溶液中（1.3 克碘化钾，0.3 克碘溶于 100 毫升水中），浸 20～30 分钟后，取出用清水冲洗种胚后观察，如果种胚全部变黑或胚根以上 2/3 的胚变黑，表明种子具有生活力，否则，表明种子无生活力。③靛蓝或红墨水染色法。靛蓝或红墨水为大分子，不能透过细胞膜，但死种子组织的细胞膜选择透过性丧失，可以被靛蓝或红墨水染色。因此，有生活力的种子不能被染色，被染色的种子是无生活力的。

（3）发芽试验法。将无休眠期或经过后熟的种子样本，均匀放在铺有湿滤纸的培养皿中，置于 20～25℃条件下促其发芽，计算种子发芽力。种子发芽力是播种质量最重要的指标，包括发芽率和发芽势两个方面，发芽率反映种子的生命力，发芽势反映种子发芽整齐程度。

种子发芽率是在发芽试验规定的时间内，正常发芽的种子占供检种子总数的百分比，计算公式如下。

发芽率＝发芽种子粒数/供检种子总数×100％

发芽势是发芽试验规定时间的 1/3～1/2 时间内发芽的种子占供检种子总数的百分比。计算公式如下。

发芽势＝种子发芽达到最高峰时发芽种子粒数/供检种子总数×100％

此外，还有用 X 光探测种胚与子叶发育状况与损伤程度，用分光光度计测定光密度判断种子生活力等方法，但目前应用较少。

29. 播种前要做好哪些准备？

苗圃地确定以后，应在秋季深翻熟化土壤，增厚活土层，以提高单位面积出苗量和苗木质量。深翻 20～30 厘米，结合耕地施入基肥，每亩施圈肥 5～10 吨，如能混入 20～25 千克过磷酸钙更好，精细耕耙，力求平整。在灌溉条件较差的地方，要注意及时镇压，耙地保墒。

播种前育苗地应先作垄或作畦，李、杏等大粒种子可作垄育苗。垄距60~70厘米，高10~17厘米，尽量要南北向，以利受光。垄面要镇压，上实下松，干旱地区，作垄后要灌足水，待水渗下后播种。垄作适于大规模育苗，有利于机械化管理，播种后苗木不用移植，就地培养成苗直接出圃。

多雨或地下水位高的地区，可采用高畦，高出地表15~20厘米，畦周开沟深约25厘米，沟可排水，也可灌水。播种前苗床干旱的必须先灌水，水渗后再播种。

30. 怎样进行播种？

播种分为春播和秋播。当春季气温稳定在15℃时，就可以春播；秋播时间在每年的秋冬季，土壤封冻之前为宜。播种前先施种肥，每亩施尿素20~25千克，然后将肥料翻入地下，精细整地，作畦开沟，行距15~20厘米，株距8~10厘米，深5厘米。开好沟后，浇足底水，待水渗下后播种。

播种方法一般采用点播法，点播的种子带壳或者不带壳都可以，点播时要注意将露胚芽一头朝下，然后覆土3~5厘米。每亩播种量在60~70千克，育苗数在8 000株左右。播种后出苗前不宜浇水，以免降低地温，延迟出苗。

31. 播种后怎样进行管理？

幼苗出齐后，要及时松土，尽早间去有病虫、生长过密和生长弱的苗子，间苗一般进行2~3次，最后定苗。间苗后，株距应保持8~10厘米，若缺苗，可用带土移栽法及时补齐。每次间苗后，要及时浇水弥缝，防止漏气晾根。定苗时保留的苗数要略大于预计产苗数。

在实生苗的生长过程中，要加强肥水管理和病虫害防治工作。北方春天气候干旱，应及时注意土壤墒情，一般一年灌水3~5次，追肥2~3次，前期应施氮肥，每次每亩施用5~10千克，撒施、沟施、根外追肥（喷施）均可。根外追肥可用0.3%～0.5%的尿素。8月中旬以后禁止追施氮肥，以免苗木徒长，推迟休眠期，造成冬季抽条。当幼苗长出4～5片真叶时，开始灌水，灌水不宜过早，也不宜过多，以免发生病害或徒长。中耕除草一般在施肥浇水后或降雨后进行，以防止杂草生长与苗木争夺养分和光照。晚秋进行摘心，可促进组织成熟老化，控制秋梢生长，有利于越冬。8～9月，苗高80～100厘米时，当年可进行芽接。具体管理措施如下。

（1）间苗、移栽。幼苗出土时、疏密不均，要通过间苗调整密度，改善幼苗的通风和光照条件。第一次间苗在幼苗长出3～4片真叶时进行，去劣存优，去除过密幼苗。20天后进行第二次间苗，并结合间苗按计划株距定苗，同时拔除杂草和补栽缺苗。为提高产苗量，可将第二次间出的小苗移栽，要随间出随移栽。间苗、移栽后立即灌水，使泥土淤满间苗后留下的孔隙，防止苗根漏风受害。

（2）施肥。在幼苗长出3～4片真叶时可以进行根外追肥，促进幼苗生长，前期以速效氮肥为主，后期喷施磷酸二氢钾或光合微肥。幼苗长到20～30厘米以上时可结合降雨或灌水，土壤追肥1～2次，每次每亩追施5～10千克尿素或多元复合肥，前期追肥量宜小。

（3）灌水和排水。种子萌发和幼苗生长需要大量的水分，因此充足的水分供应十分重要。在北方，播种前一般先灌水，待土壤墒情适宜时再播种，至出苗期一般不再灌水，若是特别干旱，可淋水或喷洒，不宜大水漫灌。幼苗期灌水要适时适量。垄作的在垄沟内灌水，让水洇到垄上。雨季降水过多时应及时排涝，防止苗木徒长，每次下雨或灌水后要中耕，以利于土壤通气和保墒。

（4）摘心与去分枝。为防止砧木苗徒长，促进砧木苗基部加粗，以提早达到嫁接粗度，当苗木达到一定高度时摘心。同时，去掉砧木苗嫁接部位附近的分枝，使嫁接部位光滑，以方便嫁接，提高嫁接成活率。

（5）防治病虫草害。苗圃地主要病害为幼苗猝倒病或立枯病；虫害中，常见的地下害虫有蝼蛄、蛴螬、地老虎等，地上害虫有螨类、卷叶蛾、蚜虫、刺蛾等，应根据具体发生情况进行防治。另外，苗圃杂草较多，应及时中耕除草。

32. 怎样提高砧木种子出苗率?

（1）选择适于当地用的品种纯正、生长健壮、无病虫害的树体作为采种母树是培育优良实生苗的关键。母树选好后，当种子充分成熟时，即可采种。采集种子一般连同果实采摘，并结合加工取出种子，然后放在通风处阴干。

（2）采集时间。李、杏砧木种子生产上所说的成熟是指形态成熟，一般果实从绿色变成其固有的色泽，果肉变软，种子含水量减少，充实饱满，种皮色泽加深即表示达到成熟期，也就是已经到了采收期。过早采收，种子未成熟，种胚发育不全，贮藏养分不足，生活力弱，发芽率低。环境条件对种子成熟有一定的影响，在适宜的温度范围内，一般是温度越高，成熟越早。同一纬度条件下，种子成熟期也有差异，一般平原早、山区晚，阳坡早、阴坡晚。通常从果实外形、果皮色泽可看出其种子发育的情况，一般果实肥大、果形端正、果色正常的果实，其种子也饱满。

（3）采集方法。砧木果实要在无风的晴天采收。母树高大，上树采收，要注意安全。果肉有利用价值的，要尽量减少果实碰伤，以增加经济收益。低矮的母树，可用梯子或高凳站在上面采收。砧木果实的果肉一般不能自然裂开，需要人工剥除果肉后才能取出种子。剥除果肉多用堆积软化法，即果实采收后，放入缸内或堆积起来，使果肉软化。堆积期间要经常翻动，切忌发酵过度，温度过高，影响种子发芽率。果肉软化后取种，用清水冲洗干净，然后铺在背阴通风处晾干，不要在阳光下暴晒。对阴干的种子再进一步精选，清除杂质，使纯度达到95％以上。

（4）沙藏种子。沙藏种子是提早和适时播种的前提，并能根据出芽情况淘汰劣种。沙藏一般在12月上旬进行，先将种子用冷水浸泡24～36小时，然后用种子量3～5倍的湿沙进行搅拌，沙的湿度以手握成团一动即散为宜。沙藏的坑穴大小以种子的量决定，深度40～50厘米，放入种子之前，坑底先铺垫一层10厘米厚的湿沙，然后将混拌好的种子倒入坑内，加盖一层编织袋作为隔离层，然后填土，将坑填满即可。翌年 2 月上旬开始检查种子，每半月一次，防止霉烂和风干。

（5）催芽选种。催芽在 3 月下旬至 4 月上旬进行，将混沙的种子移到背风向阳的地方，并摊成 20～25 厘米厚，上面用塑料薄膜盖好，保持原有湿度，太干可适当洒水，太湿可拌干沙或晾晒。催芽时，每天检查一次，并将发芽露尖的种子拣出来及时播种。这样检查 3～4 次，好的种子基本拣完，不出芽的种子大部分是坏种子，这就保证了播种的种子个个都是好种子。

（6）整地播种。播种前要先整好地，整地时要施足够的农家肥和氮磷复合肥，还要撒一些阿维菌素之类的防治地下害虫的农药，进行精耕细作。整好地后铺地膜，播种在 4 月上中旬进行，将选好的种子按株距 10 厘米进行点播，种子缝合线要与地面垂直，而芽尖要与地面平行。点种时墒情不好还要浇水，然后盖上 10 厘米左右厚的土稍加镇压整平即可。

33. 实生苗应该怎样管理？

幼苗出土时要经常检查，播种后一般 15～20 天即可出苗，待幼苗长到 10～15 厘米时，留优去劣。加强苗期的管理是培育优质壮苗的重要环节。

（1）施肥。苗期追肥 2～3 次，前期以追施速效氮肥为主。每 15 天施用 0.1% 的尿素水溶液进行叶面喷洒，可促进苗木的生长。5 月以后以追施磷、钾复合肥为主，每亩 6～10 千克，叶面喷施磷酸二氢钾，能提高苗木木质化程度。

（2）浇水。当幼苗长出 4～5 片真叶时，开始灌水，一般 2 周左右浇 1 次水，待地半干时要划锄松土，保持土壤疏松，同时起到保墒的作用。苗期蚜虫的危害会对苗木生长造成影响，严重时会造成苗木成片死亡，降低苗木的质量。可使用 50% 抗蚜威可湿性粉剂 2 000 倍液、40% 氟硅唑乳油 8 000 倍液或 10% 氯氰菊酯乳油 4 000 倍液，交替使用。

34. 苗期病虫害种类及发病规律是什么？

果树实生苗幼苗期的重要病害是猝倒病、立枯病，各种果树都会发生。

（1）猝倒病。幼苗出土后，在茎尚未木质化前，基部发生水渍状病斑，病害发展很快，幼叶仍为绿色时，幼苗即倒地死亡。在高温多湿条件下，寄主病残体表面及附近的土壤上，长出一层白色棉絮状的菌丝，病原菌属卵菌。

（2）立枯病。幼苗木质化后，茎部出现白毛状、丝状或白色蛛网状物。根部皮层和细根组织腐烂，茎叶枯黄，干枯而死，但死而不倒，病原菌属真菌。

猝倒病和立枯病的发生规律：猝倒病病原菌以卵孢子、立枯病病原菌以菌丝体或菌核在土壤中越冬，遇适宜条件，侵入寄主危害。病原菌通过雨水、灌溉水、农具以及带菌堆肥传播。高温高湿容易发病，尤其是大雨过后突然晴天，气温高，湿度大，病害迅速蔓延，造成大量苗木死亡。土壤黏重且湿度大，病害严重。

35. 如何防治苗期病虫害？

（1）选择适当的苗圃地。应选择空气、水源、土壤未被污染，且地势较高、地下水位较低、排灌良好、前茬作物无立枯病发生、土质肥沃、避风向阳的地块作苗圃地。

（2）土壤消毒处理。整地后在播种前用95％的棉隆粉剂（30～50克/米^2），混合细土，均匀撒于地表，浅翻拌匀后洒水压实，播种时松土。

（3）种子消毒处理。种子消毒处理应在冬藏前进行。一是温水浸种，用55℃温水浸种20分钟；二是药剂浸种，用硫酸铜100倍液浸种10～15分钟，或用高锰酸钾100倍液浸种25分钟；三是药剂拌种，用65％代森锌可湿性粉剂拌种，用药量为种子量的0.3％。冬藏所用的沙等材料，应用未受污染的细河沙。

（4）加强苗期管理。播种前一次性施足底水，出苗后尽量不浇水，必须浇水时，一定要选择晴天，且不要大水漫灌。灌水后要及时疏松土壤，以提高地温和土壤透气性，促使幼苗健壮生长。出苗后要及时间苗，防止幼苗过密和徒长，提高抗病能力。同时做好地下害虫的防治工作，发现病苗，要立即清除，防止病情传播。

（5）苗期药剂防治。选用药剂根据病害种类而定。猝倒病，可用25％甲霜灵可湿性粉剂 800 倍液、40％三乙膦酸铝可湿性粉剂 200 倍液喷雾防治。立枯病，可用 50％多菌灵可湿性粉剂 500 倍液、50％甲基硫菌灵可湿性粉剂 500 倍液喷雾。

36. 接穗怎样采集和贮运？

嫁接前要先在母本采集穗圃中采集接穗，采集接穗的母株必须是品种纯正、树势强健、丰产、稳产、优质、抗性强的植株，接穗应选用当年生长健壮、芽饱满的发育枝。春季芽接，用发育充实的一年生枝上的饱满芽。夏、秋季芽接用当年生新梢上的饱满芽。

嫁接用的接穗，一般随采随用，接穗采下后，应立即剪除叶片，叶柄留约 1 厘米长，每 50～100 根为一捆，每捆挂上标签，注明品种和采集时间等。若马上嫁接，可用湿布包裹或将接穗竖直放于水桶内，桶内放清水，深 3～5 厘米，接穗上部覆盖湿布放到背阴处，随嫁接随取。如果暂时不用可以按照品种分别打成小捆，挂上标签，置于水箱中备用。若需贮藏，应放在潮湿、冷凉、变温幅度小而通气的地方或窖内，将接穗下部插入湿沙中，上部盖上湿布，定期喷水，保持湿润，最好是随采随用。秋冬采下的接穗可放入窖内，一层湿沙一层接穗进行贮藏，也可放入背阴处的沟内。若要长途运输，可用湿蒲包、湿麻袋等包裹，快速运输，途中应注意喷水和通风，以防枝条失水或发霉。运达后，立即取出，用凉水冲洗，然后用湿沙覆盖存放于背阴处或窖内。

37. 嫁接方法有哪几种？

嫁接方法主要有 T 形芽接、劈接、腹接、插皮接、单芽枝腹接等，其中尤以单芽枝腹接成活率最高，可达 90％以上，是生产上广泛采用的一种嫁接方法。

（1）T 形芽接。用当年生充实健壮枝条上的芽作接穗，剪去叶片，保留叶柄，在芽的上面0.3～0.4厘米处，用芽接刀横切一刀，深达木质部，再在芽的下方1厘米处向上斜削一刀，深达木质部，削到与芽上面的切口相遇。然后轻轻取下盾形芽片，芽片内稍带木质部。砧木在离根际5～6厘米处，选择茎光滑的地方，横切一刀，深度以切断砧木皮层为度，再从横切处中间垂直向下切一刀，长1.3～1.5厘米，这样便形成一个T形切口。先用芽接刀挑开砧木待用，再挑去芽片内的木质部，保留芽及韧皮部，以输送养分和水分，然后将芽片立即插入砧木，注意芽片上端皮层要紧靠，最后用先前挑开的砧木皮层覆盖接芽，用塑料带从上绑缚，逐渐向下缠，露出芽和叶柄，其他处不要留缝隙，最后打结。绑扎要松紧适度，不要压伤芽片。

（2）劈接法。砧木除去生长点及心叶，在两子叶中间垂直向下切削0.8～1厘米长的裂口。接穗子叶下端用刀片在幼茎两侧将其削成0.8～1厘米长的双面楔形，把接穗双楔形面对准砧木接口轻轻插入，使两切口贴合紧密，然后用嫁接夹固定（图24）。

（3）腹接法。接穗削成斜楔形，长边厚、短边薄，削面最好一刀削好，以保证其平滑，利于接口愈合。砧木不必剪断，选平滑处斜切一刀，其深度不得超过砧木髓心，大小、角度与接穗吻合，插入接穗，包好绑严即可。

（4）插皮接。适用于较粗的砧木，在砧木离皮时进行。接穗长削面视其粗度而定，一般为3～6厘米。长削面极薄，一般要削去接穗粗度的1/2以上，且要平滑。长削面背面两侧各1/3处，分别削一刀，使接穗下端呈箭头状。剪断或锯断砧木，修平断面。选平滑一侧纵切一刀切入树皮，深达木质部，长为接穗长削面的2/3左右。用刀尖拨开树皮，将接穗长削面向里，短削面向外，轻轻插入砧木切口，可稍露白，然后用塑料条绑好即可。

（5）单芽枝腹接。选择根系发达、无病虫害、生长健壮、茎径达0.5厘米以上的实生苗做砧木。接穗上部剪口距芽1.5厘米，下部剪口距芽2厘米左右。刀口向芽的对面斜削45°，在芽的对应面削一个平面，微见木质部，在砧木上也削一个与接穗几乎相等的平面，微见木质部，两者削好后将接穗插入砧木的切口中，对好形成层，然后将砧穗用塑料薄膜绑紧、绑实，芽眼露出（图 25，视频 1）。

视频 1 李树的嫁接

38. 怎样提高李、杏嫁接苗成活率？

（1）接穗、砧木的质量。接穗与砧木经嫁接后形成的愈伤组织，能够进一步愈合成活，并且正常生长结果的条件是需要双方贮藏有充足的营养物质。因此，应选取生长充实、芽体饱满的枝、芽作接穗，选择生长发育良好、粗壮的砧木进行嫁接。

（2）嫁接技术。熟练的嫁接技术是提高嫁接成活率的重要条件，要求平、准、快、紧，即砧木和接穗削面要平，双方形成层要对准，嫁接操作要快，绑缚要紧。

（3）温度。温度是影响果树嫁接成活率的主要因素之一。气温和地温与砧木、接穗的分生组织活动程度密切相关。早春温度较低，形成层刚开始活动，愈合缓慢。气温过高，接穗芽萌发消耗营养，不利于愈合成活。各种果树愈伤组织形成的适宜温度不同。李、杏形成愈伤组织的适宜温度为 20～27℃。

（4）土壤水分。砧木生长势和形成层分生细胞活跃状态与土壤水分含量有关。当土壤水分充足时，接穗和砧木的形成层分生能力较强，愈伤和结合较快，双方的输导组织容易连通。但土壤水分过多，将导致根系缺氧而降低分生组织的愈伤能力。当土壤干旱缺水时，砧木形成层活动滞缓，必然影响嫁接成活率。因此，嫁接前应适当灌水，使砧木处于良好的水分环境中。

（5）接口湿度。愈伤组织是由壁薄而柔嫩的细胞群组成，在其表面保持一层水膜，有利于愈伤组织的形成。接穗切面形成愈伤组织的适宜空气相对湿度为 95％～100％，蜡封接口和接口缠塑料薄膜等保湿措施，都是为接口形成愈伤组织并进一步愈合成活创造有利的条件。

39. 嫁接苗应该怎样管理？

嫁接后注意及时抹除砧木上的萌蘖，当新梢木质化后解去绑带。

嫁接成活的接芽，经剪砧后很快萌发，抽出肥嫩的新梢，大风地区可用支柱扶持，避免被风吹折。嫁接后每 20 天施用 1 次 0.2% 复合肥或尿素。当嫁接苗第一批枝梢老熟后，可根据苗木生长势增加施肥次数，同时施用 0.3% 复合肥或尿素。嫁接苗常见的病害是立枯病、炭疽病和流胶病等，虫害为蚜虫、桑白蚧等，防治病虫害常用的药剂是氯吡硫磷、甲基硫菌灵、啶虫脒等，还可通过黄板、糖醋液、诱虫灯等对害虫进行诱杀。

40. 苗木怎样出圃？

对苗木种类、品种、各规格苗木数量等进行核对、调查或抽查，进行出圃种苗的病虫害检测，根据调查结果及外来订购苗木情况，制定出圃计划及操作规程。起苗的时间为秋季苗木落叶后，也可在春季苗木发芽前进行，这两个时期是集中起苗的时期。起苗时要防止伤根和碰伤苗木，做到随起、随分级、随假植，防止风吹日晒，以提高苗木成活率。

41. 苗木如何分级？

起苗后按苗木质量标准进行分级，每 50 棵一捆（每捆根系和苗木中部各系一圈，并扎紧）。不符合规格的苗木不出圃，移栽别处另行培养。出圃苗木按不同品种、规格等级系上标签，以免在运输或假植过程中混杂。苗木分级标准见表 2。

表 2　李、杏苗木质量分级标准

项目			级　别		
			一级	二级	三级
品种与砧木类型			纯正		
根	侧根数量	毛桃	5 条以上	4 条以上	4 条以上
		山桃	4 条以上	3 条以上	3 条以上
	侧根基部粗度		0.5 厘米以上	0.4 厘米以上	0.3 厘米以上
	侧根长度		20 厘米以上		
	侧根分布		均匀，舒展而不卷曲		

（续）

项目			级　　别		
			一级	二级	三级
茎	砧段长度		10～15 厘米（特殊需要例外）		
	高度		100 厘米以上	80 厘米以上	60 厘米以上
	粗度		1.0 厘米以上	0.8 厘米以上	0.6 厘米以上
	分枝状况	分枝分布	分枝均匀		
		分枝数	4 个以上	3 个以上	3 个以上
	倾斜度		15°以下		
	根皮与茎皮		无干缩皱皮和新损伤处，老损伤处总面积不超过 1 厘米^2		
芽	整形带内饱满芽		8 个以上	6 个以上	6 个以上
	接合部愈合程度		接芽四周愈合良好		
	砧桩处理与愈合程度		砧桩剪除，剪口环状愈合或完全愈合		

42. 苗木怎样贮藏？

对于起苗后不马上出圃造林的苗木，应立即进行贮藏。其目的是尽量减少苗木水分的蒸腾，防止发霉或根系腐烂，最大限度地保护苗木活力。常用的方法有假植和低温贮藏。

（1）假植是将苗木根系用湿润土壤进行暂时埋植以防根系干燥，保护苗木活力。假植分为临时假植和越冬假植 2 种。假植地应选在地势较高、排水良好、背风、春季不育苗的地段。平地后挖假植沟，沟深 0.2～1 米（视苗木大小而定），沟宽 1～2 米。沟土湿润，50 棵为一捆在假植沟内摆放整齐，根部用沙土相隔。越冬假植在苗木根系上方覆盖 10～30 厘米土壤，以防风干和霉烂。假植期间要经常检查，特别是早春不能及时出圃时，应采取降温措施，抑制萌发。发现有发热霉烂现象应及时倒沟假植。

（2）低温贮藏是将苗木置于低温库内或窖内保存，低温能使苗木保持休眠状态，降低生理活动强度，减少水分的消耗和散失，既能保持苗木活力，又能推迟苗木萌发，延长造林时间。低温贮藏的温度要控制在－3～3℃，空气相对湿度保持80%以上，并设有通风设施。

43. 苗木如何运输？

凡运往外地的苗木必须包装，每50棵为一捆，运输过程中包装材料应根据运输距离而定，短途运输可用稻草片、蒲包、化纤编织袋、布袋等包装。运输过程中要经常检查，发现苗木干燥要随时浇水。长距离运输则要选用保湿性好的材料，如塑料袋等。卡车还必须有帆布篷盖严，防止风吹日晒、严寒等天气造成苗木失水或受冻。

苗木运至造林地后，首要的工作不是马上栽植，而是将苗木妥善地保护起来。有条件的地方采用移动冷藏室来临时贮藏苗木，这是造林地苗木保护所能采取的最佳选择。然而，多数地方则无法做到。常规方法是选择背风和背阴处，将苗木假植于土壤中，将根系与土壤充分接触、压实，并浇水。如果苗木包装采用保湿性较好的材料，而且袋内的水分有保证，可将苗木仍放在包装袋内，直接置于背风背阴处。

外运苗木必须经当地植物检疫部门检疫，按规定办理检疫证书。

四、果园建立

44. 李、杏果园园址选择的条件是什么？

（1）适地适栽，气候条件与李、杏品种特性相适应。李、杏果园的建立要坚持适地适栽的原则，适宜的气候与生态环境条件是李、杏树长期正常地生存、生长、开花、结果的前提条件。园址应选在我国李、杏品种的适宜栽培区域内，并因地制宜选择适宜的品种，这样才能充分发挥品种的生产潜力，达到早实丰产、高品质、低成本、高效益的目的。

（2）因地制宜，地势、地形符合树种、品种要求。李、杏树可以在平原、山地和丘陵种植，但不是在任何地方种植都可获得较高的经济效益。李、杏树开花较早，有些地方花期易遇晚霜，造成花期受冻而减产或绝产。盆地、密闭的槽形谷地和山坡底部等因空气流通差，冷空气下沉易集结而不易流散，降霜频率较高，不适宜栽植。山区发展果园应选择在上述地形的中部或中上部较适宜。李、杏树抗涝能力较差，平原地区建园时应避开低洼地和地下水位较高的地方。干旱地区建园时应选择有一定灌溉条件的地方。瘠薄的土壤上树体生长不良，产量较低。

（3）选择适宜的土壤，避免在重茬地建园。杏树耐瘠薄，对土壤的适应性较强，平原、山地、丘陵地、轻盐碱地均可栽植。李树根系分布浅，适宜在保肥、保水力强的壤土和沙壤土中栽植。土壤的理化性质对杏树和李树的生长和结果有着重要的影响。沙壤土和壤土通气排水良好，有利于根系的生长和扩展，适宜种植杏树和李树；沙石过多的土壤，土壤肥力低，保水、保肥性能差，不利于植株地上与地下部的生长；过于黏重的土壤，通透性差，会抑制根系的伸长和呼吸，还易引起流胶病等病害。核果类果树的残根中能产生对根系生长有毒害作用的苦杏仁苷，因此，禁止在前茬是桃、李、杏、樱桃树等核果类果树的地方建立李、杏园。补栽果树时应避开原定植穴，还要清除残根，晾坑后客土回填，增施有机肥。

（4）交通运输、市场需求及加工条件与品种特性相吻合。李、杏果实不耐贮运，果实成熟期不一致，特别是早、中熟品种不耐长途运输，因此，应尽量选择交通运输方便、旅游业发达的地区附近建园。以生产鲜食用为目的或为满足城市居民休闲采摘的李、杏园，应选择靠近公路，靠近城市，临近市场的地方建园，以减少运输中的损失。以生产加工用为目的的李、杏园，宜在加工厂附近建园。以生产仁用杏为目的的杏园，可充分利用山地、丘陵地建园。

（5）园址环境条件应符合无公害果品生产要求。选择生态环境条件符合无公害果品生产要求的产地是园址选择的先决条件和基础。无公害李、杏的产地，应选择生态条件良好，大气、土壤和灌溉水经检测符合国家标准，远离工业废水、废气、废渣等污染源的地域。果园上游地区不宜有砖厂、工矿企业、陶瓷工厂等。

（6）应考虑技术保障与劳动力资源。农业高等院校、科研单位和技术推广单位的技术力量雄厚，信息来源广泛，仪器设备先进，有条件的地区应将果园建立在上述单位附近，或者聘请上述单位在生产基地设立技术服务站，以便得到高质量的物质设备和广泛的优质技术服务，对于提高果品产量和品质，增加经济效益，避免不必要的损失具有重要作用。另外，大面积规模化生产基地建设还必须考虑社会劳动力资源的问题，以便在果园用工较多的繁忙季节，如土壤深翻、疏花疏果、果实套袋、施肥、打药、果实采收等关键时期，可以保证大量用工的需要，有利于果园生产的进行。

45. 在重茬果园建李、杏园，应采取什么措施？

李、杏树等核果类果树的残根中能产生一种名为苦杏仁苷的物质，对根系生长有毒害作用。因此，新建李、杏园应避开核果类果树的迹地，即不要在种过桃、李、杏、樱桃树的地方建园，以免再植病害（重茬病害）发生，再植病害轻则造成树体发育不良、品质差，重则死树，导致建园失败。

若实在避不开，应进行土壤深翻，清除残根，晾坑后客土回填，增施有机肥。有条件的情况下应对定植穴或定植沟的土壤进行消毒，绝不可在原定植穴定植李、杏树。消毒方法：边往定植穴或沟内填土边喷 37％甲醛溶液，喷后用地膜覆盖，以杀死土壤中的线虫、真菌、细菌、放线菌等，或用溴甲烷进行土壤消毒，每平方米土壤使用70％溴甲烷 100 克，注意在专业人员指导下进行操作。

46. 果园的灌溉系统有哪些？

李、杏树丰产栽培需要良好的灌溉条件，在一年时间内至少要保证 4 次的浇水灌溉，在果园规划时必须做好灌溉系统的规划。果园灌溉系统分为喷灌、沟灌、滴灌和蓄水灌溉等。

（1）喷灌。喷灌适于山地、坡地、园地不整齐的生草果园。喷头的安装形式有 3 种：一是喷头装在树冠下部，只喷本树盘，特点是需水量小，叶片不接触水滴，不易发生病害；二是高压喷头装在运输道旁，喷射半径大，一般在果园苗圃使用；三是喷头高出树冠，此方式需水量大，叶片接收水分多，易发生病害，但在春季可防晚霜危害，夏季可以降低树冠内的温度，还可防止土壤板结。喷灌的管道有固定式和移动式两种。移动式管道一次性投资小，但用起来麻烦。固定式管道不仅用起来方便，而且还可以用来喷药，起到一管两用的作用，即使喷药条件不具备，也可以用于输送药水，尤其是山地果园，在不加任何动力的情况下，就可以把药水送遍全园。

此法优点是省水，省工，除灌水外，还兼顾部分喷药，施肥，喷激素的作业，并能在春季防霜，夏季防高温，使果树增产 5％～10％。采用这种方法要求有专门设备，投资较多，设施长期留在果园，不易看管，近年来应用渐少。

（2）沟灌。果园开沟灌溉简称沟灌，是我国地面灌溉中普遍应用的一种节水灌溉方法。沟灌实施前要在果树行间开挖灌水沟，深度在20～30 厘米即可，再将水源引入沟渠之中，利用土壤毛细管作用从沟底和沟壁向周围渗透而湿润土壤。同时，在沟底也有重力作用浸润土壤。沟灌时可同时在水源中溶入适量的复合肥，以水促肥，将灌水与施肥合二为一，达到事半功倍的效果。沟灌实施后以土覆之，2～3小时后可在外围挖开泥土查看水分的渗透深度。灌水沟的长短按地形、地块设计，以每块地都能浇上水为准。山地果园地势高差大的地方要修跌水槽，以免冲坏沟渠，沟长超过100米时，无论山地还是平地，都要注意防渗漏。

此法优点是省水、省工，与洪流漫灌比较，沟灌只灌溉果树一面的小沟，至少节水75%以上，果实可溶性固形物含量可提高1%～2%，能够避免采收前果实裂果，提高果实品质，促进树体旺长。另外，沟灌时果树树干周围的空气相对湿度低，能够减轻枝干粗皮病、树冠下部果实轮纹病等的危害。

(3) 滴灌。滴灌是值得推广的现代节水灌溉技术之一，通过一系列的管道把水一滴一滴地滴入土壤中，可为局部根系连续供水，使土壤结构保持较好，水分状况稳定。滴灌系统由水泵、过滤器、压力调节阀、流量调节器、输水道和滴头等部分组成。国内果园滴灌输水管直接铺设在果树行间，滴头直接插入树冠下的土壤中。滴灌的次数和水量根据土壤水分和果树需水状况而定，首次滴灌务必使土壤水分达到饱和，以后可使土壤湿度经常保持在田间最大持水量的70%左右。水溶性的肥料可结合滴灌施用，从而提高肥效。

此法优点是比喷灌、沟灌更省水，省工，比喷灌节水约50%，比沟灌可节水约75%，对防止土壤次生盐渍化有明显作用，可增产20%～30%，尤其对干旱缺水严重的果园比较适用。但滴灌设施要有统一的管理、维护，规范的操作，不适用于散户种植。

(4) 蓄水灌溉。尽量保留（维修）园区内已有的引水设施和蓄水设施，蓄水不足，又不能自流引水灌溉的园区要增设提水设施。根据果园需水量，可在果园上方修建大型水库或蓄水池若干个，引水、蓄水，利用落差自流灌溉。各种植区（小区）宜建中、小型水池，以每亩50～100米^3 的容积为宜。蓄水池的有效容积一般以100米^3 为宜，坡度较大的地方，蓄水池的有效容积可减小。在上、下排水沟旁的蓄水池，设计时尽量利用蓄水池消能。

47. 果园的排水系统有哪些？

　　果园排水是果园土壤水分管理的重要内容之一。在我国北方的大部分地区，雨季多集中在 7—9 月，连阴雨或一次性降雨量过大会使果园，特别是建于低洼地的果园积水成涝。果园较长时间积水会因土壤缺氧导致果树根系和枝叶生长发育异常，严重时可出现植株死亡。果园排水分明沟和暗管两种。

　　（1）明沟排水。是在地表间隔一定距离顺行挖一定深、宽的沟进行排水。由小区内行间集水沟、小区间支沟和果园干沟 3 个部分组成。在地下水位高的低洼地或盐碱地可采用深沟高畦的方法，使集水沟与灌水沟的位置、方向一致。明沟排水广泛地应用于地面和地下排水。地面浅排水沟通常用来排除地面的灌溉贮水和雨水。这种排水沟排地下水的作用很小，多单纯作为退水沟或排雨水的沟，深层地下排水沟多用于排地下水并当作地面和地下排水系统的集水沟。

　　（2）暗管排水。多用于汇集和排出地下水。在特殊情况下，也可用暗管排泄雨水或过多的地面灌溉贮水。暗管排水是在果园内安设地下管道，一般由干管、支管和排水管组成。暗管埋设深度与间距，根据土壤性质、降水量与排水量而定，一般深度为地面下 0.8～1.5 米，间距 10～30 米左右。在透水性强的沙质土果园中，排水管可埋深些，间距大些；若土壤透水性较差，为了缩短地下水的渗透途径，把排水管道设浅些，间距小些。铺设的比降为 0.3%～0.6%，注意在排水干管的出口处设立保护设施，保证排水畅通。当需要汇集地下水以外的外来水时，必须采用直径较大的管子，以增加排出流量并防止泥沙造成堵塞，当汇集地表水时，管子应按半管流进行设计。采用地下管道排水的方法，不占用土地，也不影响机械耕作，但地下管道容易堵塞，成本也较高。一般果园多采用明沟除涝，暗管排除土壤过多水分，调节区域地下水位。

　　对已受涝害的果树，首先要排除积水，并将根茎和粗根部分的土壤扒开晾根进行抢救。然后要及时松土散墒增加土壤的通透性，促使根系尽快恢复正常的生理活动。

48. 哪些因素影响李、杏树的生长和结果？

（1）温度。李、杏树对温度的适应范围较广，在休眠期能耐－30℃的低温，在生长季又能耐高温，一些品种在新疆等高温地区仍能正常生长，且果实含糖量很高。李、杏树的花和幼果对温度非常敏感，一般而言，－15～－10℃可使开始萌动的花芽冻死，－3～－2℃能使花器官受冻，－1℃可冻伤幼果。花各器官的抗冻能力依次为未发芽的花粉＞花萼＞柱头＞花瓣＞花丝＞发芽的花粉。花期的阴雨、阴冷和干旱等天气会妨碍昆虫传粉，以致授粉不良而造成减产甚至绝产，故花期的低温、干旱和大风等不良的气候条件是造成李、杏树减产的重要因素之一。

（2）光照。李、杏是喜光树种，在光照充足的情况下生长发育良好。光照不足会导致枝条徒长，树冠郁闭，进而造成内膛光秃，结果部位外移。另外，光照不足还会影响花芽分化，败育花增多，果面着色差，含糖量降低，果实品质下降。因此，合理地整形修剪或合理密植，改善树体通风透光条件，增加树体受光面积，保证树冠内外枝条均能良好生长，减少败育花，是提高李、杏树产量及果实品质的一项重要措施。

（3）水分。李、杏树抗旱能力强，强大的根系可以深入土壤深层吸取水分，叶片在干旱时也可以降低蒸腾强度，具有耐旱性。李、杏树不耐涝，果园积水过多会引起黄叶、落叶、死根，甚至全株死亡，因此，李、杏园一定要做好排水防涝工作。李、杏树在年周期生长中，不同时期需水量不同。从开花到枝条第一次停止生长，有少量的降雨或灌水，即可保证枝条的正常生长和花芽提前分化。若此时期的前期干旱，后期有适量的灌水或降雨，将引起枝条的二次生长和花芽分化期的推迟。硬核期是需水的关键时期，直接影响当年果实产量，此时期如缺水会导致落果，果实重量明显降低。李、杏树在冬季休眠期需水很少，但为了保证根系的良好发育，也需要足够的水分供应，尤其是我国华北、西北地区，冬季干旱多风，蒸发量大，若不浇封冻水，根系活动缓慢，不利于翌年春季枝条的生长。李、杏树在早春萌芽前对水分的要求也十分迫切。冬春干旱地区，花芽开始萌动应立即浇水，最迟不应晚于开花前 10～13 天，否则会给坐果和新梢生长带来不良影响。

（4）土壤。李、杏树对土壤的要求不严格，除了透气差的积水洼地、河滩地、黏重土壤外，各种类型的土壤都可栽培，但以土层深厚的肥沃土或排水良好的沙壤土为宜。杏树的耐盐碱能力很强，在含盐量 0.1%～0.2% 的土壤中可正常生长，但含盐量超过 0.24% 便会有伤害，最适宜的土壤酸碱度为中性或微碱性。

（5）风。李、杏树喜通透性良好的环境，开花期间，微风能散布芬芳的香气，有利于吸引昆虫传粉，还可以吹走多余的湿气，防止地面冷空气的集结，从而减轻果园辐射霜冻的危害。花期遇大风不仅影响昆虫传粉，还会将花瓣吹落、柱头吹干，从而造成授粉受精不良，降低产量。强风会导致嫩枝折断，新梢枯萎，果实擦伤甚至刮落。新梢受损，不仅造成当年结果枝大量减少，而且还会影响下一年的产量；果实摩擦损伤，造成伤疤，影响果品质量，同时也能传播病原菌，造成病害蔓延。

（6）病虫的危害。李、杏树在生长发育过程中容易受到病虫的危害，造成果树早期落叶或树干被虫子蛀坏，从而影响树体正常生长发育，甚至影响果实的产量和品质。

（7）栽培管理。不重视整形修剪，会造成枝条生长多而乱，光照不均匀，花芽形成质量差；不施有机肥，化肥过量，会造成果树需要的营养元素缺乏。

（8）突发自然灾害。花期的低温霜冻、大风、高温、冰雹、降雨量过大、排水不良等都会影响李、杏树的生长和结果。

49. 栽植时选择苗木应注意哪些问题？

优良果树苗木品种要纯正，要适应当地自然环境条件。发展新果树品种要向有关科研部门和专家咨询，切不可轻信广告和凭耳朵选种。一般科研单位和主管部门供应的苗木是比较可靠的，对个人销售的苗木必须搞清苗木来源或接穗来源，确认可信时方可购买。

（1）苗木高度和地径都应达到国家级标准，根系发达，有较多的侧根和须根，且分布均匀，根系不能失水。

（2）注意嫁接愈合度，嫁接苗的接口处必须愈合良好。优质果树苗木应无机械损伤，无病虫害，必须在定干部位以上的整形带范围内，有 6 个以上充实饱满的叶芽，以保证定干后发出好的枝条。

（3）检查苗木是否受冻。苗木越冬假植不当，极易受冻害，剪断枝条，断面变为褐色，说明受冻，这样的苗木成活率低，不宜栽植。

（4）检查根系是否霉烂。苗木越冬假植时，密度过大或假植过早，苗根易发生霉烂。正常的苗根，表皮颜色新鲜，断面呈白色；霉根表皮为褐色或黑褐色，手触即破裂。

（5）检查苗木是否失水。正常苗木枝条圆润，断面呈绿色，手感柔软发凉；失水苗木枝条皱缩，断面呈白色，手感挺直发硬，这样的苗木成活率低，失水严重的根本栽不活。

50. 建园时如何选择李、杏品种？

一个商品性果园产量的高低，果实品质的优劣，经济效益的大小，在很大程度上取决于品种本身。在同样的栽培管理条件下，如果品种选择正确，就可以获得最大的经济效益，反之将会劳而无功，经济效益明显降低。品种选择的原则如下。

（1）果实品质好。应选择结果早、丰产性好、抗病虫害能力强、适应性强、果实综合性状优良的新优品种，以获得理想的经济效益。

（2）适于经营规模。规模比较小的李、杏园具备精细管理的条件，可以选用优质鲜食的品种，且应以早熟品种为主。规模比较大的李、杏园不宜全部选用鲜食品种，而应当以加工品种或仁用品种为主。

（3）与经营方式相适应。位于大、中城市附近或交通便利地区的李、杏园应以鲜食品种为主。远离城市，山区或交通不便地区的李、杏园应以加工品种、仁用品种为主。

（4）适应当地的生态条件。应选择对本地生态条件有良好适应性的品种，在选择外地品种时，应比较原产地与本地生态条件的差异程度，尽量不选用生态条件差别很大的地方的品种，以减少风险。

51. 怎样配置授粉树品种？

李、杏大多数品种自花结实率偏低，不能满足生产要求，而异花授粉坐果率高，因此，必须配置授粉树。授粉品种需含有大量花粉，与主栽品种花期一致或稍早，亲和性好。授粉品种与主栽品种比例为1：（4～8），授粉树的配置最好在主栽品种行内按配置比例定植，以利于蜜蜂传粉。

52. 如何确定栽植密度？目前李、杏园适宜的栽植密度是多少？

果树栽植密度要本着适地适栽和适度栽植的原则，合理确定栽植密度可有效利用土地和光能，实现早期丰产和延长盛果期年限。果树栽植密度（株行距的大小）的确定应参考以下几点。

（1）自然条件。包括地势、土壤、气候、坡向、温度、雨量、风力、风向、日照、紫外线强度、灾害性天气等。

（2）品种特性。包括生长势、干性、成枝力、萌芽力、枝果比、成花结果难易、丰产稳定性、抗病虫害能力等。

（3）栽培技术。包括砧-穗组合综合生长势、结果特点、整形修剪、栽植方式、轮作年限等。

（4）管理水平。包括栽植规模大小、资金投入力度、劳动力状况、机械化水平等。

李、杏树的栽植密度一般为：平原地区株行距3米×（4～5）米，丘陵山地2米×（3～4）米。在果园管理技术水平较高或面积较小的情况下，可采用高密度或超高密度（每亩222～333株）的栽植方式。

高密度栽植的优点：密植可以有效地利用土地、提高早期产量、收益早、回收成本快、单位面积产量高。

高密度栽植的缺点：密植后期通风透光差、果园容易出现郁闭现象、病虫危害加重、不利于机械操作、人工成本增加、果实的品质下降、树体寿命短、易早衰。

另外，土壤条件较差、植株生长较小、栽培技术水平高的可适当栽植密些，反之，则应适当稀些。

53. 如何选择栽植方式?

栽植方式的确定应以保证最大限度地利用土地和空间,截获最多的太阳光照以及方便管理为前提。常见的栽培方式有长方形栽植、正方形栽植和等高栽植三种。不同栽植方式的特点具体如下。

(1) 长方形栽植。行距大于株距,是当前生产上广泛采用的一种栽植方式。其优点是通风透光好,耕作管理方便,适于密植。

(2) 正方形栽植。行距和株距相等,各株相连成正方形。其优点是通风透光良好,纵横耕作管理方便。若用于密植,进入结果期后树冠容易郁闭,通风透光条件较差,不利于管理。正方形栽植多用于计划密植。计划密植是把果树分为永久植株和加密植株,控制加密植株的树高和生长,使其大量结果,然后分期间伐到要求的栽植密度,这样可以充分利用土地和光照,实现早结果早丰产。

(3) 等高栽植。适用于山地丘陵果园的梯田、撩壕和气候条件较差的密植果园。其特点是果树按一定株距栽在一条等高线上,有利于水土保持。计算株数时要注意加行和减行的问题。

54. 如何选择栽植时期?

果树栽植时期,应根据果树生长特性及当地气候条件来决定。李、杏属于落叶果树,栽植多在落叶后至萌芽前栽植,一般分为秋栽和春栽。

在冬季较温暖的地区,秋栽有利于根系的恢复,以秋栽为宜。秋栽是在落叶以后至土壤封冻以前进行,具体时间在11月中旬。优点是当年伤口即可愈合并发出须根,翌年春天可及时生根,缓苗期短、成活率高、生长良好。在秋雨较多,春天干旱的地区,宜秋栽,但应注意严冬到来之前的防寒工作,以免发生冬季抽干和冻害。

在冬季寒冷地区,温度低,苗木越冬易发生冻害和抽条,以春栽为宜。有灌溉条件的地区宜春栽。春栽是在土壤解冻以后至苗木萌芽以前进行,具体时间在3月下旬至4月上旬。另外东北、西北、华北北部和内蒙古等地区,由于无霜期短,冬季严寒,以春栽为宜。可采取夏秋挖坑,积蓄雨雪,春天栽树的方法,此方法不仅成活率高,而且还可省去新植幼树防寒的麻烦。

55. 如何防止李、杏树定植后成活率低？

（1）合理选择定植时间。春季定植宜在土壤解冻后到苗木萌芽前进行，栽植过晚不利于苗木成活。

（2）规范定植。按照规划确定株行距，穴植或沟植，做到"深挖沟浅栽树"和有机肥供应充足，定植前灌一次透水。定植时应把苗木根系舒展理顺，按照"三埋两踩一提苗"的步骤使根与土壤紧密结合。栽植后嫁接口应露出地面，以防成活率低、腐烂或病虫危害。

（3）选用优质苗木。苗木质量的好坏是影响定植成活率的重要因素之一，应尽可能选择无病虫害、生长健壮、根系发达的高技术标准和高规格的苗木。

（4）根系处理。有条件的地区，可在定植前对苗木根系进行不少于 10 小时的浸水处理。此外，在定植前还应进行根系修理，剪去干枯、细弱及病虫根，剪口要平滑，以利伤口愈合。

（5）及时浇水。苗木定植后立即浇一次透水。当水下渗后覆一层细干土，防止水分蒸发，保持土壤湿度。定植 7～10 天后的第二次灌水对苗木成活率有着关键性的作用。

（6）覆盖地膜。定植完成后，以定植苗为中心将周围土耙细，覆盖 80～100 厘米见方的地膜，可有效提高地温，减少水分蒸发，抗旱保墒，抑制杂草生长，促进芽早发旺长，并可减少中耕次数，降低劳动强度。

（7）定干。按照栽培要求，在定干高度选择有 3～5 个饱满芽处剪截，剪口要求平滑、无劈裂，并进行封口或包扎塑料膜等处理，防止失水抽干。春季大风频繁的地区，应设立支撑柱防止树体晃动。

56. 苗木定植后如何管理？

（1）作畦灌水。有灌溉条件的地区，定植后沿定植行作畦并及时浇水。较干旱的地区，浇水后可在树干周围培起一个小土墩，以便保墒。没有灌溉条件的地区或干旱地区，定植穴以 80～100 厘米见方为宜，树栽好后，把树盘修成漏斗形，以便水分集中地渗到根系分布区，围铺 80 厘米见方的塑料薄膜，四周用土压实，并培起小土墩。

（2）定干整形。苗木定植后，根据树种以及品种的整形干高要求进行定干，定干高度一般为 60～80 厘米，春季花期易出现霜冻的地区可定干高一些，一般为 80～100 厘米。定干时剪口距下面第一个饱满芽 1 厘米左右，剪口芽应留在春季主风方向的迎风面，这样抽生的新枝条不易被风折断。定植苗上枝条较多时，可适当疏枝或极重短截，较粗壮的枝及距地面 30 厘米以下的小枝要疏掉。

（3）检查成活及补栽。定植后应检查成活情况，发现有死株和病株应拔除，及时补栽备用苗，以免在同一果园内因缺株过多而降低经济效益。

（4）覆膜保墒。苗木定植后，围绕树干在树盘内覆盖塑料地膜，四周用土压好，以保湿、提高地温、促进苗木成活。

（5）防寒。在冬季严寒地区，为避免发生抽条、日灼等伤害，秋季栽植的苗木入冬前可顺地面弯倒埋土或主干包草防止冻害。

（6）防止兽害。在有兽害的地区，在苗木上缚以带刺的树枝或涂刷带恶味的保护剂，如石硫合剂渣滓等以防兽害。

（7）其他管理。大风地区，应设立柱扶苗。灌水后出现苗木歪斜现象，应及时扶直并填土补平栽植坑。此外，还应及时防治病虫、施肥和中耕除草。

57. 果园管理包括哪些内容，目标如何？

果园管理是为谋求果园获得较高经济效益、生态效益和社会效益而采取的各种技术措施，主要包括土壤管理、树体管理和灾害防治等方面的内容。果园管理有以下目标。

（1）水肥一体化。精准施肥，能节约肥料的投入和劳动力的支出，除秋施基肥外，其余时间施肥均通过水肥一体化系统自动灌溉。

（2）省时化。采用现代化机械配套操作，疏花、疏果、喷药、采摘、分级、包装，均可快速、省力地达到管理的要求。

（3）简约化。采用新型的栽培方式、修剪管理模式、有害生物的防治措施，减少更多的管理步骤，从而快速简洁地管理好更多果园和果树。

（4）无公害化。采用果园生草法，包括全园生草法和行间生草法。减少化肥的施用，采用种植绿肥，刈割覆盖树盘，提供树体营养的管理措施。

58. 如何发挥种植优势？

（1）根据地域以及果树需冷量选择合适的树种进行种植。根据当地的气候特征和自然环境选择合适的树种，选择具有地方特色和潜力的树种，这样选择的树种生长出来的果实会具有极大的竞争力。根据种植区土壤 pH 与不同果树的适应性，进行选择栽植，更利于果树健康稳定成长，进而生长出风味更加独特的果实。

（2）选择自然条件优越的土壤环境，栽植前做好灌水、培土等防寒工作，提高早期产量。在山地种植，土层薄，有机质少，雨水相对少，适宜栽植抗性较好的嫁接的果树苗木。在丘陵种植果树，需要加强土壤结构的改良，提高土壤肥力，需要注意果园积水对果树根系的侵害。在平原种植果树，要及时松土、清除过多的杂草，使土壤通风透气，加速肥料分解，增强根系活力，促进根系对养分的吸收。

（3）合理整形修剪，因势利导，培养良好的花果关系，提高果树经济价值。具体修剪时，注意品种、树龄、树势及挂果多少的差别，灵活选择修剪方式。深翻改土，逐年扩大树盘，使根系深入土壤，以免冬季发生旱冻。加强肥水管理，进行疏花疏果，保持一定的叶果比。充分利用土壤环境资源，合理发挥种植优势。

59. 果园省力、简约化高效发展包括哪些内容？

果树省力、简约化栽培也叫低成本栽培，主要采用矮化密植、生草栽培、避雨栽培、自控灌溉、病虫害生物防治、大枝修剪和山地单轨运输机、上下双层喷雾机等省力高效栽培技术和机械，使用安全、高效、新型的植物生长调节剂，实现果树的高品质、高效益管理，达到高产、优质、大果、高糖、矮化、完熟、调节产期和防止隔年结果的目的。

针对我国目前的情况，发展省力、简约化栽培，主要采用以下方法。

（1）选择抗性强、树体矮化的品种。抗性强的品种能减少用药成本和次数，病虫害防治省力。树体矮化的品种一般结果早、易丰产、易管理，生产成本低。

（2）实施矮砧宽行密植模式。矮砧宽行密植模式是世界发展的潮流，是实现果业现代化的第一步，采用矮砧宽行密植栽培模式，可以大幅度降低劳动强度，减少果园用工。

（3）利用优质大苗建园，大幅压缩幼树期，快速收回成本。选用优质健壮纯正的苗木是建园的首要原则。还可以选用带分枝的二年生大苗建园，可以大幅度压缩果园幼树期，快速收回成本。法国、意大利、美国等发达国家普遍采用带分枝大苗建园，定植第二年就有1 000～2 000千克的产量，我国近年米许多地方也进行了类似的尝试，选用优质大苗，完全可以实现上述目标。

（4）实行密植栽培，使树体矮化。许多果园树体高大，有的果树高度甚至达到5米，果园作业大都架设梯子或爬上树头，劳动强度大，作业极为不便，尤其是采果、修剪等工作更难实施。还有一些老龄果园，采用疏散分层形，结构级次多，树形复杂，整形周期长，用工量大。针对这些情况，我们无论在老园改造还是新建果园中，尽量做密植栽培，使用矮化树形，降低树高，简化树形结构，减少级次，从而减少果园用工量。

（5）使用抑制激素，控制树体生长。我国矮化砧木研究比较落后，尤其是李、杏树，对矮化砧的研究几乎还是空白，所以在密植时，使用抑制生长的激素（如多效唑、矮壮素等）能有效控制树体生长，从而达到控制树冠、早结果、丰产的目的。

（6）改革土壤管理制度，放弃清耕制，实施简化管理。土壤管理在我国果树管理当中，用工量也是比较大的一方面，所以，改革土壤管理制度非常必要，要放弃清耕制，以提高土壤肥力为目的。降雨量较大或有灌溉条件的地方实行果园生草或者覆草。长期生草和覆草，有利于提高土壤有机质含量，肥沃土壤，健壮树势，抵御各种病虫及自然灾害，减少土壤翻耕和除草用工。

（7）对病虫害实行预防为主，综合防治的措施。实施病虫害综合治理，根据预测预报，以预防为主，从病虫害开始发生时就进行挑治，合理用药，从而减少用药次数，降低果园用工。

（8）开发果园简易机械。在实施宽行栽培以后，许多果园机械才可能得以应用，充分发挥广大果农的创造性，创造出适合我国实际情况的简单易行的果园机械，大幅度解放劳动力，减少果园用工，实施省力化栽培。

五、土肥水管理

60. 丰产果园对土壤的要求是什么？

丰产果园要求具有至少 60 厘米以上的活土层，土壤疏松，砾石度在 20％左右，通气、透气性好，土壤团粒结构良好，有 30％的黏粒保存水分，保水、保肥、供水、供肥能力强。土壤有机质含量高，丰产优质果园要求土壤有机质含量在 2％以上，其他养分种类全面、数量充分、配伍良好且便于果树根系及时吸收利用。

61. 李、杏树根系分布有什么特点？

杏树是深根性树种，根系生长势较强，大多数根系分布在 10～70 厘米土层中，70 厘米以下土层中的根系分布较少，水平分布最大可超过冠径的 2 倍。

李树为浅根性树种，其吸收根主要分布在距地表 20～40 厘米的土层中，水平根分布范围通常比树冠大 1～2 倍，大多在树冠投影以外的土层附近。

62. 李、杏树根系对土壤条件有什么要求？

杏树对土壤条件适应性较强，除透气性过差的黏重土壤外，在黏土、壤土、沙壤土或者沙砾土上都能正常生长，但在疏松的土壤上生长较好。

李树对土壤的适应性很强，但仍以深厚肥沃、保水保肥力强，pH 在 6～6.5 的微酸性沙壤土最好。不同的土壤类型对李树根系和地上部分产生的影响不同。李的大部分吸收根分布较浅，故以保水力较强的黏重土壤为宜。表土浅且过于干燥的沙质土栽培李树时，不但生长不良，且果实近成熟肥大期易发生日灼病，故李园土壤宜土层厚而肥沃。

63. 李、杏树吸收营养物质有何特点？

李、杏树栽植后每年都要从土壤中吸取大量的营养物质，其中除氮、磷、钾外，还需要钙、镁、铁等多种中、微量元素。李、杏树花量大，结果量多，果实生长期短，尤其对氮和钾的消耗量较大，并对氮素比较敏感，幼年树以吸收氮、磷肥为主，而成年树需钾肥量较大。

64. 当前李、杏园土壤养分的特点是什么？

土壤养分是由土壤提供的植物生长所需的营养元素，土壤中能直接或经转化后被植物根系吸收的矿质营养成分。土壤养分可以分为大量元素、中量元素、微量元素。自然土壤中，养分主要来源于土壤矿物质和土壤有机质，其次是大气降水、坡渗水和地下水。在耕作土壤中，还来源于施肥和灌溉。根据植物对营养元素吸收利用的难易程度不同，可以分为速效养分和迟效养分。

现阶段土壤养分中有机质和氮素含量普遍较低，磷、钾素次之。土壤中的氮绝大部分呈现有机态，少数呈无机态。土壤中有机质含量越高，对应含氮量越高。

65. 大量元素对李、杏树生长与产量有什么影响？

大量元素是植物正常生长发育需要量或含量较大的必需营养元素。

大量元素中碳、氢、氧可以形成多种多样的碳水化合物，在植物生长发育中起着不可分割的作用，如纤维素、半纤维素和果胶等，这些物质是细胞壁的主要组成成分。植物光合作用的产物——糖，是由碳、氢、氧构成的，糖是植物呼吸作用和体内一系列代谢作用的基础物质，同时也是代谢作用所需能量的原料。碳水化合物不仅仅构成植物体的骨架，也是植物贮藏的食物，并且积极参与植物体内的各种代谢活动。氢和氧在植物体内的生物氧化还原过程中

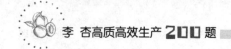

也起着很重要的作用。

氮是各种氨基酸的主要组成元素，而蛋白质又是由各种各样的氨基酸组合而成。蛋白质是生物体的重要成分，它是构成细胞膜、酶、细胞核、各种细胞器的主要成分。植物如果缺氮会使整个植株生长受到严重的阻碍，株形矮瘦，叶色淡黄，分枝少，结实少，籽粒不饱满，从而造成产量的降低。

磷是细胞核和核酸的组成成分。磷是植物体内各项代谢过程的参与者，如碳水化合物的运输，蔗糖、淀粉及多糖类化合物的合成。并且它还具有提高植物抗旱、抗寒等抗逆性和适应外界条件的能力。

钾是细胞内多种生化反应的缓冲液，也是光合作用中多种酶的活化剂。钾能提高酶的活性，进而促进光合作用的进行。钾能提高植物对氮素的吸收和利用，有利于蛋白质的合成。钾能调节气孔的开闭，有利于植物的经济用水。钾能增强植株的抗逆性，来保障树体生长、提高果实产量和品质。

66. 中、微量元素对李、杏树生长与品质有什么影响？

钙元素具有促进李、杏树根系生长，增强根势的作用，同时对土壤有一定调酸作用，并有助于果实糖分的积累转化，改善其口感，增强其硬度，提高其贮藏能力。

硼是李、杏树生长不可缺少的微量元素，对李、杏树碳水化合物的协调运输具有重要作用，同时有助于李、杏树花芽质量的提高，可以有效改善授粉质量促进坐果，对李、杏树生长代谢和根系生长也有重要促进作用。

铁元素同样是李、杏树生长必不可少的一种微量元素，主要作用就是参与叶绿素的合成，提高李、杏树光合作用效率，同时具有促进果实着色，提高果实品质的功效。

锌元素主要参与叶绿素和生长素的合成，激发生长细胞的活力，以及促进李、杏树光合作用和呼吸作用效率的提高，实现枝条的茁壮生长和果实的膨大。

镁元素主要促进树叶叶绿素的合成，使树叶保持绿色，提高李、杏树的光合作用，同时还对李、杏树的生长代谢有一定调节作用。

锰元素也是李、杏树生长中所需的微量元素之一，主要作用就是提高光合作用效率，同时协调各营养元素的吸收，提高李、杏树树势，增强其抗病能力，还非常有助于果实糖分和维生素的生成和积累。

67. 李、杏树缺素症有哪些表现？

（1）缺氮症。老叶叶色变淡绿，或呈红色、紫色；新叶变小，色淡。枝梢细小老化，不易形成花芽，花和果都比较少。果实膨大受到阻碍，植株矮小，新枝细弱，树体衰弱，生长不良，发育迟缓，甚至会引起落花落果。

（2）缺磷症。早期症状不明显，严重缺磷时，枝叶深灰绿色，老叶的叶缘向外卷曲，叶片稀少，生长受阻，花芽分化少，果实色泽暗淡，且出现裂果。

（3）缺钾症。中、下部老叶先发黄，叶片呈青绿色，叶缘与叶脉呈平行状卷曲，叶脉间褪绿，随后新叶由叶尖开始枯焦扩大至叶缘，严重时，造成叶片焦灼坏死，且结果不良，产量和品质下降。

（4）缺钙症。生长点受损，根尖和顶芽生长停滞，根系萎缩，根短粗弯曲，尖端不久褐变枯死。幼叶失绿、变形，常出现弯钩状，叶缘卷缩、黄化。严重时新叶抽出困难，甚至相互黏连，或叶缘呈不规则锯齿状开裂，出现坏死斑点，易裂果。

（5）缺镁症。老叶先褪绿，往往从叶缘或叶脉间开始发黄，严重时老叶呈水渍状，并形成黄褐色枯斑，叶片提前脱落，花芽形成受阻，产量下降。

（6）缺硼症。新梢生长过程中出现顶枯现象，叶片逐渐变小、变窄、变脆，易碎，叶片卷曲，叶尖坏死，叶脉间褪绿。杏叶片呈匙形或抹刀形，并出现胶状物；李叶芽和花芽常形成小叶和瘤花，茎营养器官发育受阻，轻者新梢木质化后中空，呈海绵状，枝脆，易折裂，果实中会充满胶状物的空穴。

（7）缺锌症。锌是提高作物生理活性的一种重要元素。果树缺少时，叶片变小，簇生，枝节间缩短，植株矮小，果实质量差。

68. 生产无公害果品肥料施用标准是什么？

在无公害果品生产中，应当根据土壤肥力和树种的需肥特性，确定施肥种类和施肥量，提倡采用配方施肥。施肥应以有机肥料为主，化肥为辅，保持和增加土壤肥力及土壤微生物活性。所使用的肥料不应对果园环境和果实品质产生不良影响。

（1）提倡施用有机肥和微生物肥料。土壤有机质含量是土壤结构好坏、土质肥沃程度的主要指标，增施有机肥是改良土壤的主要措施。生产上常用的有机肥包括农家肥和商品有机肥等。农家肥包括堆肥、厩肥、沤肥、沼气肥、绿肥、作物秸秆肥、泥肥、饼肥等。微生物肥料如常用的固氮菌肥，还有解磷菌、解钾菌、硅酸盐细菌肥等，这些细菌能把作物本来不能吸收的空气中的氮气、土壤中的固定态磷、钾及微量元素变成作物可以吸收利用的状态。

（2）不用或少用化肥。农田施用的任何种类和形态的化肥，都不可能全部被植物吸收利用，未被植物及时利用的化合物，就会随下渗的土壤水转移至根系密集层以下而造成污染。因此，化肥的长期、大量施用势必破坏土壤结构，造成土壤板结，污染水源，降低农产品质量，引起环境恶化。

（3）禁止施用的肥料。如未经无害化处理的城市垃圾或含有金属、橡胶和有害物质的垃圾，硝态氮肥、未腐熟的人粪尿及未获国家相关部门登记的肥料产品。

69. AA 级绿色果品生产允许施用的肥料种类有哪些？

AA 级绿色果品生产中不允许施用化学合成肥料和其他对环境和身体健康有害的物质。

AA 级绿色果品施用的肥料种类应为未被污染的农家肥及非化学合成的商品肥，如腐殖酸肥、微生物肥，禁止施用任何化学合成的肥料，禁止使用城市垃圾、被污染的医院粪便和垃圾以及含有害物质的工业垃圾。

70. A 级绿色果品生产允许施用的肥料种类有哪些？

生产 AA 级绿色果品允许施用的肥料；A 级绿色果品生产中限量施用限定的化学合成肥料；在有机肥、微生物肥、无机肥、腐殖酸肥中按一定比例掺入化肥，并通过机械混合而成的肥料；化肥也可与有机肥、复合微生物肥配合施用；城市生活垃圾一定要经过无害化处理，质量达到规定的技术要求才能使用。

71. 生产 AA 级绿色果品的肥料施用原则是什么？

必须选择允许施用的肥料种类；禁止施用任何化学合成肥料；禁止使用城市垃圾和污泥、医院的粪便垃圾和工业垃圾；饼肥优先用于水果蔬菜等，禁止施用未腐熟饼肥；腐熟的沼气液、残渣及排泄物可用作追肥，严禁施用未腐熟的排泄物。

可因地制宜采用秸秆还田、过腹还田、直接翻压还田、覆盖还田等形式增加土壤肥力；利用覆盖、翻压、堆沤等方式合理利用绿肥，绿肥应在盛花期翻压，翻埋深度为 15 厘米左右，盖土要严，翻后耙匀。压育 15～20 天后才能进行播种或移苗。

叶面肥料质量应符合相关技术要求。按照使用说明，合理施用。微生物肥料可用于拌种，也可作基肥和追肥施用，施用时要严格按照说明书的要求操作。微生物肥料中有效活菌的数量要严格符合相关技术指标。无机肥料中成分的质量要符合相关技术要求。

72. 生产 A 级绿色果品的肥料施用原则是什么？

每年每公顷农田限制用量，黏性土壤不超过 45 000 千克，沙性土壤不超过 30 000 千克。

各地可因地制宜采用秸秆还田、过腹还田、直接翻压还田、覆盖还田等形式增加土壤肥力，允许用少量氮素化肥调节碳氮比。化肥与有机肥配合施用，有机氮与无机氮之比不超过 1：1。化肥还可与复合微生物肥配合施用。城市生活垃圾一定要经过无害化处理，质量达到规定的技术要求才能使用。其他使用原则与生产 AA 级绿色果品要求相同。

73. 土壤酸化原因是什么，如何修复？

（1）原因。随着农业的发展，农作物产量逐渐上升，实现了长季节栽培和反季节栽培，导致作物对土壤养分的摄取大大增加，部分土壤全年无歇。土壤养分持续消耗，造成土壤无法得到休养来恢复养分的平衡，引起土壤贫瘠和酸化。多雨季节时雨水集中冲刷，或大水漫灌造成淋溶作用的加剧，导致钙、镁等碱性盐基的大量流失，是造成土壤酸化的主要原因。化肥的施用不当，大量酸性肥料、氮肥的过度施用，不仅会造成土壤酸化，还会消耗土壤的有机质，减弱土壤的缓冲能力。大气被污染而形成的酸雨也会引起土壤的酸化。土壤酸化会使作物生长受到抑制、根系发育不良、吸收困难、长势变弱、病害多发，严重影响果实产量及品质。

（2）修复。采用测土配方施肥。测土配方施肥是对土壤养分结构检测化验后，科学配比肥料的种类及施用量，能够做到"缺啥补啥，精准供给不浪费"，能够保持大量元素，中、微量元素等在土壤中的养分结构平衡。

利用化学物品调节土壤 pH。使用一些碱性物品，中和土壤酸性，如生石灰、碱渣、腐殖酸钙、土壤改良剂等，调节土壤的酸碱度，把 pH 调节到标准范围。

增施充分腐熟的有机肥、生物菌肥。这些肥料中含有大量的有机质，可以提高土壤的缓冲性，调节土壤的 pH，改良土壤环境。

采用科学合理的施肥、浇水方式。合理控制氮肥施用量，在浇水方式上，可以采用滴灌、喷灌的方式。根据土壤干旱程度和作物生长期对水分需求的不同，合理浇水，避免大水漫灌。

种植耐酸类农作物。对已经酸化的土壤，可以试种花生、马铃薯、西瓜、油菜、芋头、芹菜等耐酸性的作物。

74. 碱性土壤的改良方法有哪些？

碱性土壤的形成受到多种因素的影响，而且存在明显的地域性差异，碱化常常伴随着盐化的发生。由于人为因素的干扰，土壤碱化强度一直在不断地加大。

碱性土壤有机质含量偏低，理化性状变差，缓冲性能差，保水保肥力低，对作物生长有害的阴阳离子多，不利于作物的生长发育，且土地生产力和承载力低。

碱性土壤改良方法如下。

（1）以施用农家肥为主，少施化肥，改良土壤，培肥地力，增强土壤的亲和性能。

（2）果园可以间作和生草。种植耐碱性作物，如棉花、豆科作物、麻类、地下结实作物等，边利用边改造。

（3）加深耕层，三沟配套，降低水位，逐年洗碱。

（4）施用酸性肥料。使用硝酸铵、过磷酸钙、磷酸二氢钾、硫酸钾等，定向中和碱性。

（5）使用酸性物品中和碱性。土壤中可以加入硫黄、氟石、石膏或磷石膏。

75. 肥料有哪些种类？各种肥料有何特点？

肥料按照来源和成分主要分为有机肥料、无机肥料（化学肥料）和生物肥料。

（1）有机肥料。主要包括传统有机肥和商品有机肥。有机肥养分全面，肥效持久，还可以改善土壤结构，培肥地力，促进土壤养分的释放，对提高农产品质量，生产无公害、绿色及有机农产品具有重要作用。

（2）无机肥料（化学肥料）。常见的无机肥料主要有单质肥料、复合肥料以及缓控释肥料、水溶性肥料等。单质肥料主要有氮肥（如尿素）、磷肥（如过磷酸钙）、钾肥（如硫酸钾）、微量元素肥料（如硼肥）。复合肥料指含有氮、磷、钾三要素中两种或两种以上的肥料。其中含两种主要营养元素的肥料称作二元复合肥料；含 3 种主要营养元素的肥料称为三元复合肥料；在复合肥料中添加一种或几种中、微量元素的称为多元复合肥料。

缓控释肥料是指肥料养分释放速率缓慢，释放期较长，在作物整个生长期都可以满足生长需求的肥料。水溶性肥料是一种可以完全溶解于水的多元复合肥料，能够迅速溶解于水中，更容易被作物吸收利用。它不仅可以含有作物所需的氮、磷、钾等营养元素，还可以含有腐殖酸、氨基酸、海藻酸、植物生长调节剂等。可应用于冲施、喷灌、滴灌，实现水肥一体化。

（3）生物肥料。利用土壤中的有益微生物制成的肥料。它本身不含植物所需的营养元素，而是通过肥料中微生物的生命活动，增加有效养分或分泌激素刺激作物生长、抑制有害微生物活动，因此施用生物肥料都有一定的增产效果。

76. 有机肥与化肥相比有什么特点？

有机肥主要来源于植物和动物，是施于土壤以提供营养为其主要功能的含碳物料，经生物物质、动植物废弃物、植物残体加工而来，消除了其中的有毒有害物质，富含大量有益物质，包括多种有机酸、肽类以及包括氮、磷、钾在内的丰富的营养元素。有机肥不但能为农作物提供全面的营养，且肥效更长，可增加和更新土壤有机质，促进微生物繁殖，改善土壤的理化性质和生物活性。

化肥是用化学和物理方法制成的含有一种或几种农作物生长需要的营养元素的肥料，成分单纯，养分含量高，肥劲猛，某些肥料有酸碱反应，一般不含有机质，无改土培肥的作用。化学肥料种类较多，性质和施用方法差异较大。

有机肥料含有农作物生长发育所需的大、中量元素以及微量元素，养分含量全面。

有机肥料还具有明显的改土培肥作用，长期施用有机肥能提高土壤有机质含量，改善土壤团粒结构，促进土壤微生物繁殖，使土壤疏松、通气，易于排水、耕作。

施用有机肥可增强土壤的保肥性能和缓冲力。腐殖质为有机胶体，颗粒虽小，但表面积大，吸收水分能力比无机胶体大 100 多倍，长期施用有机肥，可使有机、无机复合胶体增多，可增强土壤保水、保肥、供肥能力。

有机肥的腐殖质中，主要成分是腐殖酸，能促使种子发芽、根系生长和养分吸收。施用有机肥还可使光合作用的重要原料——二氧化碳浓度提高几倍至几十倍。

77. 有机肥对李、杏树生长发育有什么好处?

(1) 改善土壤、培肥地力。有机肥料施入土壤后，有机质能有效地改善土壤理化性状和生物特性，熟化土壤，增强土壤的保肥供肥能力和缓冲能力，为作物的生长创造良好的土壤条件。有机肥料中含有大量的有益微生物，可以促进土壤中的生物转化过程，有利于土壤肥力的不断提高。

(2) 增加产量，提高果实品质。有机肥料含有丰富的有机物和各种营养元素，为农作物提供营养。有机肥腐解后，为土壤微生物活动提供能量和养料，促进微生物活动，加速有机质分解，产生的活性物质能促进作物的生长和提高果实的品质。有机肥料在生产加工过程中，经过充分的腐熟处理，施用后便可提高作物的抗旱、抗病、抗虫能力，减少农药的使用量，从而提高果实品质。

(3) 提高肥料的利用率。有机肥料含有的养分多但相对含量低，释放缓慢，而化肥单位养分含量高，成分少，释放快。两者合理配合施用，相互补充，有机质分解产生的有机酸还能促进土壤和化肥中矿质养分的溶解。有机肥与化肥相互促进，有利于作物吸收，提高肥料的利用率。

78. 施肥时期如何确定?

掌握植物的营养特性是实现合理施肥的重要依据之一。不同种类的植物其营养特性是不同的，即便是同一植物在不同的生育时期其营养特性也是各异的，只有了解植物在不同生育期对营养条件的需求特点，才能根据不同的植物及其不同的生育时期，有效地应用施肥手段调节营养条件，达到提高产量、改善品质和保护环境的目的。

在李、杏果树经历的不同生长发育阶段中，除前期种子营养阶段和后期根部停止吸收养分的阶段外，其他阶段都要通过根系或叶等其他器官从土壤中或介质中吸收养分，植物从环境中吸收养分的整个时期，叫植物的营养期，它包括各个营养阶段。不同营养阶段从环境中吸收营养元素的种类、数量和比例等都是不同的。

基肥可以秋施和春施。秋施以秋分前后效果好，此时正值果树根系的生长高峰，伤根易愈合。追肥时期与树种、品种习性、气候、树龄、用途等有关，要严格按照各生育期的特点进行追肥，每年在生长期进行1～2次追肥。树木有缺肥症状时可以随时进行追肥。

79. 常用的施肥方法有哪几种？

（1）辐射状施肥。以树干为中心，距树干1.0～1.5米处，沿水平根的方向，向外挖4～6条辐射状施肥沟，沟宽40～50厘米，沟深30～40厘米，沟由里到外逐渐加深，沟长随树冠大小而定，一般为1～2米。肥料均匀施入沟内，埋好即可。

（2）环状施肥。沿树冠边缘挖环状沟，沟宽40～50厘米，沟深30～40厘米。这种方法操作简单、用肥经济，但挖沟时容易切断水平根，且施肥范围小，容易使树的根系上浮分布于表土层，适于幼树施用。

（3）穴状施肥。多用于施追肥。以树干为中心，从树冠投影半径的1/2处开始，挖成若干个小穴，穴的分布要均匀，将肥料施入穴中埋好即可，亦可在树冠投影边缘至树冠投影半径1/2处的施肥圈内，在各个方位挖若干不规则的施肥穴，施入肥料后埋土。

（4）条状沟施。在树冠外沿行间或株间相对两侧开沟，沟宽40～50厘米，沟深30～40厘米，沟长随树冠大小而定。第二年挖沟位置可调换到另外两侧。此方法适于成年树深施基肥，可结合深翻和根系更新，便于机械操作，但断根较多，施肥不及全园撒施均匀。

（5）全园撒施。这种方法的肥料利用率很低，容易让果树根系上浮，降低根系抗干扰能力，一般主要在成年果园、密植果园中采用。

（6）根外追肥。一般是在树体出现缺素症的情况下采用的施肥方法，为了补充一些容易被土壤固定的元素，通过根外追肥也可以收到良好的效果，对缺水少肥的地区最为实用。生长前期应施稀肥，后期可施浓肥。施肥要在上午10时以前和下午3时以后进行，阴风或大风天气不宜喷肥。

前五种方法施肥后均应立即灌水，以增加肥效。

80. 叶面喷肥时要注意哪些问题?

（1）调配合适的溶液浓度。喷施叶面肥时，溶液的浓度非常重要。浓度过高，容易对作物叶片造成灼伤；浓度太低，不利于被植物吸收，达不到补充植物养分的要求。

（2）根据作物种类，选择适宜的叶面肥。每种作物需要的养分是不同的，要根据作物对氮、磷、钾及其他微量元素的需求来搭配施用叶面肥。

（3）根据作物生长周期，喷施叶面肥。植物在一个生长周期内，需肥量以及对每种元素的需求量各不相同。

（4）喷施时间要适当。喷至叶片表面的叶面肥，容易随着溶液的蒸发而流失。蒸发量受温度、湿度、风力的影响。为节省肥料、提高利用率，喷施叶面肥的时间应该选在无风阴天或湿度较大、蒸发量较小的上午 9 时之前，最适宜的时间是下午 4 时以后。

（5）选择适当的喷施部位。喷施叶面肥时，应尽量喷到叶片背面。叶片的正面光滑发亮，这是因为叶片正面有一层角质层。角质层阻碍水分进入叶片内，不利于叶面肥的吸收。叶片背面是叶面肥适宜的喷施部位，叶片背面没有角质层，并且富含气孔，肥料容易被吸收利用。喷施时，植株的上、中、下部的叶片、茎都应该喷到。

（6）叶面肥要和根部施肥搭配施用。叶面肥无法取代根部施肥，两者需要搭配施用，相互补充，共同作用，才能使肥效达到最大化。

81. 为何进行配方施肥? 施肥量如何确定?

配方施肥是根据作物需肥规律、土壤供肥能力和肥料效率提出的大量元素和微量元素的配比方案和相应的施肥技术，是生产无公害果品最基本的施肥技术。

合理的配方施肥可以降低环境的污染，充分发挥肥效；还能节肥增产，调整养分配比平衡供应，使作物单产在原有的基础上能最大限度地发挥其增产潜能；可以在减少化肥施用量的前提下，科学调控其营养均衡供应，达到改善品质的目标。实施配方施肥，坚持用地和养地相结合，有机肥和无机肥相结合，在逐年提高农作物单产的基础上，不断改善田土的理化性状，达到培肥改土，提高土壤综合生产能力的可持续发展的目的。

施肥量要根据农作物的生长结果量、土壤养分供给能力、肥料利用率来确定。因为不同农作物的生长、结果、种植环境、生长条件都是不同的。按照土壤对肥料的缺失量来确定，做一个土壤化验，确定施肥的种类和用量。根据季节来进行施肥，植株冬季休眠，春季萌发，因此冬季不适合施肥，春季需要大量施肥，促进幼苗生长。夏季高温时节不宜施肥，容易产生虫害，到了秋季，植物需要贮藏能量过冬，需要大量施肥。植物状态也可以反映需肥情况，植株长得细弱，叶片小，要加大施肥量；植株长势好，则应减小施肥量或暂时不施肥。

82. 秋施有机肥有什么好处？

（1）果树从早春萌芽到开花坐果这段时间所消耗的养分，主要是上一年树体内贮藏的营养。果实采收后到落叶前这段时间是积累养分的时期，秋施有机肥可以增加树体的营养贮藏，大大提高光合作用效率，制造更多的营养物质，对翌年的树势、果品质量和产量都非常有利。

（2）秋季是根系一年中最后一次生长高峰期，果实基本已经成熟，叶片制造的养分大量向根部流动，温度也是根系生长的最佳温度，此时开沟施肥，可以促进伤根愈合以及新根的生长。秋季根系生命活动旺盛，吸收养分能力强，且秋施有机肥有利于延缓叶片衰老，增强秋叶光合能力，增加树体养分贮藏。

（3）秋施有机肥可以增加土壤的孔隙，让土壤疏松，有利于果园保墒蓄水，预防冬春干旱，还可以提高地温，防止果树根部冻坏。

（4）秋季土壤的温度适宜，利于养分分解。9—10月土温较高，墒情较好，利于土壤微生物活动，施入的有机肥可以很快被根系吸收利用。秋施有机肥可以提高肥效。

（5）秋施有机肥，肥源广泛，且不与其他作物需肥发生冲突，有损伤的细小树根能很快愈合，还能快速促发新根。

（6）秋施有机肥有利于协调营养生长和生殖生长，肥料中的养分被吸收后，能大大增强秋叶的功能，养分积累增多，可以使花芽充实饱满，翌年春季萌芽早，开花整齐，春梢长势强，生长量大，利于维持优质丰产的健壮树势。而迟效养分在土壤中经过长时间的腐熟分解，春季易被吸收利用，加强了春梢后期发育，提高了中短枝质量，且能及时停长，为花芽分化创造了条件。

83. 李、杏树秋施有机肥应注意什么？

有机肥成分复杂，因此做到合理施用尤为重要。施用不当会造成养分流失，甚至出现作物根系吸水困难，发生烧根、僵苗等现象。"因地制宜"是最重要的，不同的作物，对土壤和营养的需求是不同的，施用肥料，要有针对性。秋施有机肥应注意以下几点。

（1）有机肥应充分腐熟后施用。未经腐熟的有机肥在土壤中经微生物的分解发酵，产生的氨气容易引发作物烧根、中毒，有的还会滋生杂草和传播病虫害。因此在施用有机肥时应将其充分腐熟后施用。

（2）不宜施用过于集中或施用量过大。在为旱地作物施肥时，如果直接将有机肥施于行间或作物根部附近，因旱土持水量小，根系周围短时间内浓度过大，根系接触到肥堆后，会造成作物生理失水，形成反渗透现象，作物不但吸收不到养分，反而会使根系内的水分和养分外渗，使作物生长不良或出现萎蔫而失水死苗。应将有机肥作为底肥，均匀地拌于土壤中，做到与土壤融为一体。

（3）晒干施用会使肥效降低。晒肥或施于旱土作物表土上会使肥料中的氮素挥发，有效磷、速效钾也会流失大半，而且会污染环境。

（4）合理搭配施用。秸秆、绿肥等有机肥，其纤维含量多，氮素含量少，用量过大，容易引起农作物前期缺氮或僵苗不发。因此，秸秆还田必须配施碳酸氢铵来补充氮素。在施绿肥时，加入适量的碳酸氢铵或尿素，调节其碳氮比，满足微生物的需要，防止出现微生物与作物争氮的现象。有机肥中配施磷肥，有利于提高磷肥肥效，有机肥料与生物肥料搭配施用也有利于提高肥效。

84. 李、杏树如何进行土壤追肥？

每年追肥3次，第一次在萌芽期，以氮肥为主；第二次在花芽分化临界期（5 月末至 6 月上旬），以磷、钾肥为主；第三次在果实迅速膨大期，以钾肥为主。最后一次追肥距果实采收期不得少于 30 天。施肥量根据当时的土壤条件和施肥特点确定。结果树一般每生产 100千克的果实需追施纯氮 1.0 千克、纯磷 0.5 千克、纯钾 1.0 千克。根据果园土壤的类型，还可以适当补充钙、硼、锌等微量元素。

85. 什么是灌溉施肥？有何优点？应注意什么？

肥料随同灌溉水进入田间的过程称为灌溉施肥，即滴灌、地下滴灌等在灌水的同时，按照作物生长的各个阶段对养分的需要和气候条件等准确将肥料补加在灌溉水中并均匀施在根系附近，从而被根系直接吸收利用的施肥技术。灌溉施肥有以下优点。

（1）灌溉施肥既节肥又节水。灌溉施肥可以少量多次地施肥，满足作物对养分的需求，发挥肥、水的最大效益，防止一次大量施肥带来的危害和肥料损失。

（2）灌溉施肥肥效快、容易吸收利用。肥料呈溶液状态，比较快地渗入根区，可以很快地被作物根系吸收，同时喷在作物叶片上的养分也可以被吸收。

（3）灌溉施肥可以保护土壤结构。灌溉施肥可以减少施肥机械对土壤结构的破坏。

（4）灌溉施肥节约施肥时间和劳动力，降低成本。灌溉施肥可以提高肥料的利用率，节省肥料的用量，灵活、方便、准确地掌握施肥时间和用量，尤其适合微量元素的施用。

注意：肥料的溶解与混合的均匀。施用液态肥料时不需要搅动或混合，一般固态肥料需要与水混合搅拌成液肥，必要时分离，避免出现沉淀等问题。施肥时要掌握施肥剂量，注入肥液的浓度大约为灌溉流量的 0.1％，过量施用可能会使作物死亡以及导致环境污染。灌溉施肥分三个阶段，第一阶段选用不含肥的水润湿；第二阶段使用肥料溶液灌溉；第三阶段用不含肥的水清洗灌溉系统。

86. 不同类型土壤的施肥原则是什么？

（1）壤土。要做到合理施用，培肥地力，较好地发挥肥料的增产效应。原则上要做到长效肥与短效肥结合，及时满足作物不同生育期对肥料的需求；有机肥与化肥结合，培肥土壤，用养并重；大量元素肥料与微量元素肥料结合，及时为作物提供所需的各种养分。

（2）黏质土。在黏质土壤中，磷容易被土壤中的铁、铝、钙等固定而失效，导致当季利用率只有 10％～25％。如果撒施磷肥，则不能充分发挥磷肥的效果，可以采取穴施、条施、拌种和蘸秧根的方式，让根系更好地吸收利用磷肥，促进作物生长。黏质土适宜用热性的有机肥做基肥，增加土壤有机质的含量。苗期时必须控制氮肥的用量，不宜过多，以免旺长而造成作物倒伏的现象。作物生长发育的后期不宜过晚、过多地追施氮肥，以免造成作物贪青晚熟。

（3）沙质土。沙质土通透性好，不易受涝害；便于耕作，耕作阻力小，能耗低；营养元素缺乏；保水、保肥性差，不利于土壤有机质的积累。沙质土需要适时增施有机肥料，提高土壤有机质的含量。追肥要采用"少量多次"的原则，减少养分损失，提高肥料利用率。作物生长发育后期及时追肥，防止作物因早衰而减产。此外，根据天气情况及时灌溉也非常重要。

87. 无公害果品生产土壤培肥技术是什么？

果园土壤管理除进行深翻熟化、树盘覆盖秸秆、杂草或地膜外，应积极推行自然生态模式，采用果园行间生草法。果园合理生草，不仅能够培肥土壤，而且有利于维持果园生态系统的平衡。

88. 无公害果品生产草害防治技术是什么？

杂草的生长对果园管理有一定的警示作用。如一些杂草的出现，说明有机物腐化过程的不适当或腐化不完全；一些杂草的出现，说明土壤的酸度过高，可以使用石灰进行中和。

（1）合理控制杂草。可以在种植前清除田间杂草；利用覆盖物控制杂草；及时进行机耕和人工除草；防止杂草种子的传播。

（2）科学合理地进行果园生草。有益杂草和低密度的杂草可以降低土壤被侵蚀的概率、保持土壤肥力、提高土壤活力、为牲畜提供营养等。

（3）合理除草。高密度的有害杂草会形成草害，但全部清除会减少田间生物的多样性。低密度的杂草不会对作物造成经济威胁，低于经济阈值的杂草没有必要控制。

89. 如何选择果园间作物？

果园间作是为了更好地利用环境资源，在果树幼龄期，实行果园间作或套种，可以合理地利用地面空间和浅层土壤营养与水分。果园间作是将高大果树与低矮作物互补搭配来组建具有多生物种群、多功能、多效益的人工生态群落。

果园间作物应具有生长期较短，吸收肥水较少，大量需肥水的时期与果树错开，植株尽量矮小不影响果园正常的通风透光，与果树没有相同的病虫害，能提高土壤肥力等条件。果园最好的间作物是豆科作物。豆类作物不但矮小，而且它的根上有根瘤菌，能把空气中的氮素吸收到土壤中，供果树使用。谷黍比豆类略高，其根浅而量少，生长期短，拔节、抽穗、灌浆期在雨季，与果树争夺水分、养分矛盾不大，故也可作为果园间作物。果园切忌种植的作物是玉米、高粱、向日葵等高秆作物，因为这些作物不但与果树争肥水，同时严重影响果树的通风透光。果园里也不宜种植秋菜，如白菜、萝卜等，这些蔬菜的成熟期很晚，能吸收大量浮尘子，浮尘子会危害蔬菜，还会在果树枝干上产卵而刺破树皮，这样在冬春季节，当干旱风袭来时，树体里的水分会从伤口大量蒸发，致使果树抽条或死亡。

90. 果园生草有何好处？

（1）果园生草有助于提高土壤肥力，生草刈割后覆盖于地面，而草根残留于土壤中，增加了土壤有机质含量，改善了土壤结构，协调了土壤水肥气热条件，提高了某些营养元素的有效性，校正果树某些缺素症，对果树生长结果有良好作用。由于草对磷、钙、锌、硼、铁等营养元素的吸收转化能力很强，从而提高了这些元素的生物有效性，所以生草果园果树缺磷、缺钙病症较少见，并且果树的缺铁黄叶病、缺锌小叶病、缺硼缩果病等也不多见。

（2）果园生草可以防止或减少水土流失，改良沙荒地和盐碱地。

生草法减少了土壤耕作工序，草在土层中盘根错节，固土防沙能力很强。同时在生草条件下土壤颗粒发育良好，土壤的凝聚力增强。草覆盖的地面，地温变化小，水分蒸发少，盐碱土壤返碱减轻。

（3）果园生草可以创造生态平衡，提高果树抗灾害的能力，生草果园土壤温度和湿度的季节和昼夜变化小，有利于果树根系的生长和吸收活动。雨季时，草吸收和蒸发水量增大，缩短了果树淹水时间，增强了土壤的排水能力；干旱时，草覆盖地面具有保水作用。不论旱季还是雨季，生草果园的果实日烧病害很轻，落花落果的损失也较少。同时，生草条件下果树害虫的天敌种群数量大，增强了天敌控制虫害发生和猖獗的能力，减少了农药投入对环境的污染。

（4）果园生草还便于机械作业，省工省力。生草果园中机械作业随时可以进行，即使是雨后或灌溉后的果园，也能准时进行机械喷洒农药、施用肥料、修剪、采收等自动化作业，不误农时，提高效率。

91. 果园生草的必要条件是什么？

果园年降雨量在750毫米以上，这是无灌溉果园实施生草的理想条件。这种条件下可以保证果树与果园里的草都有一定的生长量。年降雨量在550毫米左右，而且降雨量分布比较合理，果树需水的关键时期能灌溉1～2次的果园，也可以实施果园生草法。

对那些处于干旱地区，或降雨量分配不均匀而且没有灌溉条件的果园，不适宜实施果园生草法。

92. 果园生草种类的选择原则是什么？

（1）以低秆、生长迅速、有较高的产草量、在短时间内地面覆盖率高的牧草为主，所采用的草种以不影响果树的光照为宜，一般在50厘米以下为宜，以匍匐生长最好，以须根系草较好，尽量选用主根较浅的草种，这样不至于造成与果树争肥水的现象。

（2）选择与果树没有相同病虫害的草，最好能够成为果树害虫天敌的栖息地。草覆盖地面的时间长，而旺盛生长的时间短，可以减少与果树争肥争水的时间，有较好的耐阴性和耐踩踏性。

（3）在生产上选择草种时，要选择栽种方便、管理省工、适合于

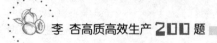

机械化作业，且生长量大、产草量高、覆盖率大和覆盖速度快的草种。也可选用多种草种来种植，以起到互补的作用。

93. 适宜人工生草的品种有哪些？

选择易人工种植、适应性强、鲜草量大、矮秆、浅根性、有利于害虫天敌繁殖的草种，如黑麦草、红三叶、白三叶、紫云英、酢浆草等。常见的如豆科的白三叶与禾本科的早熟禾混种。白三叶有良好的固氮能力，能培肥地力，早熟禾耐旱节水、适应性强，混种可发挥双方的优势。也可选择豆科的长毛野豌豆与禾本科的鼠茅草，这两种草不用刈割，一年种植多年受益。

94. 生草果园如何管理？

（1）要因地制宜选用草种。果园的野草种类繁多，根据草种的选留原则，将草种分为良性草、恶性草、可留可不留草三种。根据不同地区条件的不同，选择不同的草种，即因地制宜选用合适的优势草种。

（2）重视苗期管理。一般种草后，遇到下雨天，应该及时松土，并进行逐行查苗补播，达到苗全整齐。对于生长稠密的苗应及时间苗，可以适当多留苗。结合中耕，清除恶性杂草，以利于种下的草苗壮生长。

（3）适时刈割。一般当草长高到10～15厘米时就可刈割，割后将草覆于树盘上。要及时进行更新，生草逐渐老化时，要及时翻压，将表层有机质翻入土中，翻压时间以晚秋为宜，待空置1～2年后，再重新播种生草。以肥田为目的果园生草最好不做牲畜饲料，如与饲料结合，牲畜粪便应及时腐熟还园。

95. 什么是果园覆盖，有哪些好处？

果园覆盖是利用各种有机或无机材料，在乔化果树树盘、乔化密植园的行内、高密矮化园或高密灌木果园的行间土壤地面进行覆盖的方法，有秸秆覆盖、地膜覆盖、种植覆盖作物等方式。

（1）果园覆盖可以调节土壤和地表温度。果园覆盖可以在地表形成一层土壤与大气交换的障碍层，可以阻止太阳直接辐射，也可以反射长波辐射，还可以减少土壤热量向大气中散失，对温度的剧烈变化有一定的缓冲作用。

（2）果园覆盖可以减少水分的流失，提高土壤含水量。土壤表层受雨滴的直接冲击，导致土壤团粒结构被破坏，土壤孔隙减小，形成不易透水透气、结构细密紧实的土壤表层，影响降水的渗入。进行果园覆盖可以避免降水直接对地表造成冲击，保持团粒结构稳定，土壤疏松，导水性强。因此果园覆盖可以有效地减少土壤水分蒸发，保蓄水分，有利于树体生长发育。

（3）果园覆盖后能明显促进果树树体的生长发育，有利于提高果树的光合速率，从而提高果树的营养供给，提高果实的品质。果园覆盖后大小年现象明显减轻，果实的产量明显提高，增加了果园的经济效益。

（4）果园覆盖的有机物降解后可增加土壤有机质含量，提高土壤肥力，有利于改善果园不同土层土壤的理化性质，不仅能提高土壤养分含量，还能提高土壤保肥和供肥的能力。

（5）果园覆盖可以隔绝光热，使生长季节的土壤温度降低，抑制杂草的萌发和生长，减少和防止部分病虫害的发生，降低农药的使用量，从而降低管理成本。

96. 果园覆盖应注意哪些问题？

（1）要注意覆盖的时间，如在早春覆盖有机物，土壤温度回升缓慢，会抑制根系的吸收活动，从而影响到果树地上部的生长发育。

（2）在低洼且夏季潮湿的地区，覆盖会使雨季土壤水分过多，不利于果树适时停止生长。

（3）覆盖作物秸秆在天气干燥的情况下易引起火灾，所以要在覆盖物上零星地覆些土。

（4）覆盖的果园表层根系增加，冬季需要注意覆厚土或保持覆盖状态，以免根系受冻害。

97. 水分对果树生长发育有哪些影响?

水分是果树生长、发育、成花、结实所必需的。保持水分充足，可以保证果树生命活动的正常进行，是壮树、增产的重要措施。果树缺乏水分，难以提高产量，不仅不能理想地开花结果形成经济产量，而且树体还会变弱、萎蔫，甚至干枯死亡。

果树的营养生长受水分供应水平的制约，水分可利用性降低到一定水平时，营养生长受到抑制，对果树器官的生长发育造成影响，对茎加粗生长的抑制具有较强的后效作用，对果树产量也有显著的影响。

水分过多会影响根系的正常吸收功能，增加土壤中有害物质的含量，对果树根系造成一定的危害，影响果树的正常生长发育。适度的干旱，能促进果树的花芽形成，但过度的水分胁迫会严重影响花器官的发育和雌雄花的比例，从而影响授粉受精和坐果。

果树根系的正常生长发育要求土壤含水量保持在田间最大持水量的 60%～80%为宜。土壤含水量过多，容易引起涝灾；含水量过少会造成根的呼吸停止，生长受到抑制，光合作用也会受到抑制。当土壤含水量为 5%～10%时，叶片开始凋萎。如果在果实膨大期至成熟期前 20～30 天出现水分过多或过少的情况，还会造成果实的严重减产和品质下降。

土壤水分是果树根系吸水的重要来源，也是土壤中许多化学、物理和生物学反应的必要条件，还是直接参与反应过程的中间物质。土壤含水量的变化，影响着果树的生长和发育。土壤含水量充足时，果树的根系可以正常进行养分的吸收、运转和输导，有利于根系的正常生长发育。土壤含水量不足时根系生长速度减慢、根原基形成减少，造成侧根减少、韧皮部形成层活力降低及根尖木栓化速度加快，从而影响根系的吸收功能。

98. 水分对果实品质有哪些影响?

水分是果树的重要组成部分。果树叶面进行蒸腾作用时，需要消耗大量的水分，调节树体温度，肥料要通过水分才能够为果树提供营养物质。当水分不足时，叶片蒸腾作用会减弱或者停止，伤害叶片，影响树体温度，肥料也无法被吸收，影响果实的品质和产量。水分的剧烈变化还会造成果树的大量裂果。

水分不足会减缓果实的生长速度，导致采收时果实的体积偏小、果皮较厚、果肉硬度大、果汁含量减少。水分不足还会影响果树的花芽分化和坐果，导致果树的产量发生明显变化。水分不足或过度干旱还会影响果实的着色。但适度的水分胁迫可以提高果实的含糖量和耐贮运能力。

土壤水分过多，不但会导致耕作管理困难，还会影响果实的正常生长发育，造成果实品质下降，严重的还会引起叶片变黄、萎蔫、脱落和果实腐烂，导致植株发病，降低果实越冬时的抗寒力，甚至造成果树死亡。果实接近成熟时水分过多，会降低果实含糖量和耐贮能力，同时影响果实的着色。

99. 果树对土壤水分的要求是什么？

果树与土壤水分的生态关系，即果树对土壤干旱或湿涝的适应性，决定于树种的需水量和根系的吸水能力，同时也与土壤的质地、结构有关。不同质地土壤的田间最大持水量不同。果树的需水量以土壤湿度情况、根系分布深度和田间持水量等为依据。

果树对土壤水分的适应性因根系和砧木的不同而不同。通常情况下，实生李砧的根系深，表现耐干旱。在干旱的土壤中，因根系分布较深，而使树呈现不缺水的状态。

果树正常生长发育的需水状况与根冠比有关。需水的多少或维持一定的水分平衡关系，是受到根冠比制约的，根冠比越大需水量越小，根冠比越小需水量越大。

100. 如何避免和预防李、杏树涝害的发生？

出现涝害有三种状况：水淹并持续一定时间；持续下雨或持续过量浇水；土壤黏性大，不透水，使土壤长时间保持过大的含水量。涝害会破坏果树的水分平衡，严重影响果树的生长发育，直接影响产量和质量。

可以采取以下措施预防和避免李、杏树涝害的发生：①填土，提高种植平面，或开好排水沟，从而降低水位。②选择耐涝的品种，但要注意也不能长期种植在水淹的地方。③起墩、起垄种植，起到抬高地势的作用。④采用疏松透水的土壤，特别是假植苗，配制营养土时要充分考虑用沙壤土，不要单纯用黏性强的壤土。⑤对通透性较差的黏性土壤，在苗木移植时可考虑在种植穴底层加10厘米厚的砂石层来预防和减少水涝危害。⑥提前准备好排水设备。

101. 适宜的浇水次数为多少？

应根据各种果树不同物候期的水分需求、土壤水分状况及气候条件，合理确定浇水次数和时期。在一年中，果树在生长季节的前半期，植株萌芽、生长、开花、结果，生命活动旺盛，需要充足的水分，而后半期，为了使之及时停止生长，促进枝蔓成熟，适时进入休眠期，做好越冬准备，则要适当地控制水分。一般情况下果树全年应浇水3～4次。

102. 适宜的浇水时期是什么？

（1）萌芽水。此时正值越冬后土壤水分缺乏时，灌水可促进萌芽和新梢生长，迅速扩大叶面积，增强光合作用，并使花芽继续正常分化，为开花坐果创造良好条件。在春旱地区，此期充分灌水尤为重要。

（2）膨果水。此期常称为需水临界期，因一般果树在开花期不灌水，当果实膨大时，也常是新梢旺盛生长时，此时供水不足，会引起叶果争夺水分，造成落果严重。

（3）花芽分化水。李、杏等落叶果树的果实迅速膨大期常是花芽大量分化期，争夺水分的矛盾仍然存在。此时灌水，不但可满足果实膨大对水分的需要，而且可保证花芽分化对水分的需要，对当年及次年的产量均有良好作用。

（4）封冻水。我国北方地区，为了提高果实品质，加强枝芽越冬前的锻炼，多不再灌水，必要时还需排水，但当秋旱时，可适当灌水，在土壤封冻前常需灌一次封冻水，以利果树越冬。此时灌水结合施肥，有利于果树恢复树势，并能促进花芽分化。

103. 如何调节李、杏树的水分供应?

杏树是一个抗旱树种,在没有灌溉的条件下也能连年结果。但杏树对水分供应的反应十分敏感,缺少水分会造成枝叶生长缓慢。水分过多会造成土壤缺氧,影响根系生长和养分吸收,严重者造成烂根,整株死亡。因此杏园灌水和排水是杏树水分调节的主要措施。

杏树的灌溉时期和灌水量主要根据土壤的水分状况和杏树本身的生长发育阶段而定。一般在早春萌芽前浇足第一次水,萌芽后,树体开花、坐果、新梢迅速生长需大量水分,有条件的应及时浇第二次水。第三次是在硬核期,此期是杏树需水临界期,杏树的硬核期往往是杏主产区一年中最干旱的季节,所以更应该及时灌水。灌水的方法大多采用树盘灌水。一般每隔一行,在两行树间的树盘交界处,应修一条贯穿全行的水渠,从渠的一端开始逐株开口灌水,灌满株后封好渠口,再开另一株的灌水口。这样可以避免根系病害传播,另外也不会由于串灌造成长时间水泡的单株根系缺氧,还能避免浪费水。

杏树抗旱性强,但又怕涝,土壤长时间积水,植株会因根系缺氧死亡。因此,杏园一定要注意雨季排除积水。平地杏园,一般顺地势在园内或园四周挖排水沟;山地杏园,主要是结合水土保持工程修筑排水系统。

李树是浅根性果树,抗旱性中等,喜潮湿,但不耐涝。在干旱地区栽培李树应有灌溉条件,在低洼黏重的土壤上种植李树要注意雨季排涝。土壤含水量一般要保持在田间最大持水量的70%左右。根据降水状况和树体发育需要进行灌水,重点是三次关键性灌水,分别为越冬灌水、花前灌水和幼果灌水。花前灌水有利于李树开花、新梢生长和坐果。

104. 如何保持土壤中的水分?

(1) 使用土壤保水剂。保水剂是一种吸水能力特别强的功能高分子材料,无毒无害,反复释水,吸水,同时它还能吸收肥料、农药,并缓慢释放,增加肥效、药效。

(2) 覆盖地膜。覆盖地膜不仅能够提高地温、保水、保土、保肥、提高肥效，而且还有灭草、防病虫、防旱抗涝、改进地面光热条件、使果品卫生清洁等多项功能。对于刚出土的幼苗来说，覆盖地膜还具有护根促长的作用，具有很强的针对性和适用性。

（3）在土壤中加入泥炭。在土壤中加入适量的泥炭不仅可以提高土壤的持水、通气和保肥的能力，还能增加营养成分，也可以改善土壤板结、硬化等现象，从而提高果品质量和经济效益。

105. 果园装备机械化的特点与现状是什么？

（1）特点。现阶段的果园装备机械化具有省时、省工、省力、节约人工成本但利用率低的特点。

（2）现状。果园作业的机械化程度严重滞后，长期以来都是以人工劳动为主，劳动强度大、效率低，果园机械的发展历史短，机械化程度低，产业发展滞后。农机农艺融合不够，果园建设布局不规范，缺乏适用的果园机械，机械装备质量不稳，有些装备利用率较低，机械的经济性不够。

106. 果园主要机械有哪些？

果园主要的机械包括果树生产过程中使用的机具与装备。主要包括果园建园、栽植、耕作、施肥、中耕、灌溉、植保、防护自然灾害、整形修剪以及采收等作业的机具和装备。

果树生产中的机械主要包括半机械化的小型机动喷雾机、手扶拖拉机、小型轮式拖拉机、中耕机、施肥机、开沟机、定植挖坑机、果园风送式喷雾机、果树行间动力割草机、采收用升降平台、液压修枝剪、振动式采收机、静电喷雾机、绿肥压青机、施肥开沟机、倒置式树盘中耕机等。

六、花果管理

107. 什么是花果管理？有何意义？

花果管理是指为了保证和促进花果的生长发育而对花果和树体实施相应的技术措施以及对环境条件进行调控，主要包括促进授粉、提高坐果率的方法，花果量的控制技术，果实套袋的前期准备、套袋方法、注意事项，摘叶、转果、铺反光膜等增强果实品质的技术，果实采收、贮运、商品化处理等管理措施。花果管理是现代果树栽培中重要的技术措施，采用适宜的花果管理措施，是实现果树连年丰产稳产、优质高效的保证。

108. 李、杏的花芽分化有哪些特点？

杏的花芽较小，由副芽形成，着生在叶芽的一侧或两侧，在叶腋间与叶芽并生的复花芽坐果率较高。部分花芽为单芽，着生在短的一次枝或副梢的顶部，这种花芽开花后坐果率较低。每节枝条上花芽的数量一般为1~2个，最多可达7个，花芽数量的多少与品种和枝类有关。枝类中以长果枝复花芽较多，中果枝次之，短果枝和花束状果枝多为单花芽。杏树较容易形成花芽，一至二年生幼树就可以分化花芽，开花结果。一般花芽分化开始于6月中下旬，7月上中旬花芽分化达到高峰期，到9月下旬所有花芽进入雌蕊分化阶段。一个花芽的形成大致需要2~2.5个月，开始分化较晚的花芽，花芽分化历时不足1个月。

李的花芽为纯花芽，侧生，花序单生或2~5朵簇生，一个花芽可开花1~5朵。中国李短果枝和花束状果枝上的芽以开2~3朵居多，在长果枝和徒长性结果枝上多为2朵，欧洲李常为2朵，美洲李常为4朵。李花属于子房上位花，正常情况下，大多数为完全花，少数品种有雌蕊退化现象。李树极易形成花芽，当新梢顶芽形成后，花芽形态开始分化。开始分化的时期因品种、立地条件和年份的不同而各有差异，温度较高，日照较长，降水较少，则提前分化。李花芽分化的各时期形态特征和桃十分相似，有所不同的是，桃每个花芽内一般只有1个生长点，分化出1个花蕾，而李在同一花芽内有1~5个生长点，它们几乎同时开始分化，分化出1~5个花蕾。李花芽分化一般开始于6月中旬至7月上旬，延续到9月中旬至10月中下旬，历时70~100天。单个花芽从最早开始形态分化到雌蕊原始体最早出现所需要的时间70~90天，开始分化较晚的花芽所需的时间比开始分化早的花芽短得多，为10~40天。雄蕊在8月30日至9月10日开始出现，雌蕊在9月10—20日出现，两者出现的时间相隔很短。

109. 李、杏有什么结果习性？

按照花芽着生情况以及结果枝长度，李、杏的结果枝可分为长果枝（>30厘米）、中果枝（10~15厘米）、短果枝（5~10厘米）和花束状果枝（<5厘米）。

杏的长果枝基部为叶芽，中部为复芽，有1个叶芽和1~3个花芽并生，枝条上部为1个叶芽和1个花芽并生，顶芽为叶芽。幼树长果枝的比例较大，随着树龄的增加，长果枝的数量逐渐减少，老树长果枝极少。中果枝基部为叶芽（潜伏芽）或单花芽，中部和上部为复芽，多数为1个叶芽和1个花芽并生，顶部为叶芽。幼树中果枝的比例较少，随着树龄增加中果枝的数量和比例减少。短果枝基部2~3个芽为潜伏芽，以上为单花芽或和叶芽并生，少数节上有双花芽，顶芽为叶芽。幼树短果枝的数量较少，随着树龄增加，短果枝的比例增大，成龄大树短果枝是杏的主要结果部位。花束状果枝短缩，节间极短，基部1~2个芽为潜伏芽，各节着生的芽大部分为花芽、单花芽和双花芽，除顶端的叶芽外，各节着生叶芽极少。幼树花束状果枝极少，随着树龄增长而出现，成龄大树花束状果枝是主要结果部位，老树花束状果枝最多。结果枝中一般以短果枝和花束状果枝的结实力较强，但寿命较短，一般不超过 5～6 年，个别花束状果枝结果后就会枯死。

李的长果枝上多为复花芽，长果枝是幼龄树的主要结果枝，其中上部形成腋花芽，次年腋花芽结实能力较差，但都能发育成质量较高的花束状果枝，是第三年优良的结果基枝。中果枝上部和下部多为单花芽，中部多为复花芽，次年也可发生花束状果枝。短果枝上多为单花芽，二至三年生短果枝结实能力高而可靠，五年生以上短果枝结实力减退。花束状果枝除顶芽为叶芽外，其下排列紧密的花芽，因节间极短，各节所生花芽几乎丛生，开放时成花束状。花束状果枝粗壮，花芽发育充实，坐果多，果个大，但坐果过多，如结果 4 个以上时，会影响顶端叶芽的延伸，甚至枯死。

110. 杏果实生长发育特性是什么？

杏果实从授粉受精到充分成熟，其生长发育过程呈三慢二快"双S"曲线，大致可分为 3 个时期。

(1) 果实迅速生长期（核生长、胚乳形成期）。从盛花末期到硬核前，这一时期内，从盛花末期到脱萼前，果径、果重生长缓慢；从脱萼到硬核前，果径、果重生长迅速，出现第一次生长高峰，果径日生长量可达 0.65～0.99 毫米，纵径大于横径，果重可达 1.5～2.3 克。此期末，果核的大小定型，但尚未木质化，难以与果肉分离。同期种皮同步生长并定型，胚乳生长完成。此期历时 1 个月左右。

(2) 缓慢生长期（硬核、胚生长期）。果径和果重生长缓慢以至停滞，果核从尖部开始向蒂部木质化，随之胚乳从尖部开始凝聚呈胶冻状，胚从其中出现并迅速长大，充满种皮，胚乳随胚的生长而被吸收，最后呈一薄膜包裹在胚与种皮之间。此期历时，不同品种因成熟早晚差别大。胚生长期各品种基本一致，历时 21 天左右。

(3) 第二次迅速生长期（果肉生长成熟、胚充实期）。从硬核及胚生长基本完成到果实成熟。主要是果皮和果肉细胞迅速增大引起果径和果重的第二次迅速增加，随之果实着色、成熟，果肉软化、停止生长，胚继续发育成熟。此期，果径增长量小于第一期，但横径大于纵径。果重增长迅速，日增长量可达 1.52～3.12 克。这一时期的长

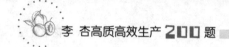

短与品种的成熟期有关，早熟品种短，中晚熟品种长。

111. 李果实生长发育特性是什么？

第一期，果实第一次迅速生长期从花谢后子房膨大起至核开始硬化前止，此期持续的天数，不同品种的差异不大，一般为40天左右。花后果肉和核层细胞迅速分裂和增大，期末停止分裂，果核达到最大体积，此期为核和种仁鲜重最大的时期。种仁的生长主要是种皮和珠心组织的生长，胚珠在受精后一直处于休眠状态，胚乳到此期末，才从游离核状态转为细胞胚乳，并开始迅速生长。从胚乳游离核的产生到细胞胚乳出现之前，为胚乳胞质流动期，胚乳胞质流动期早期的幼果，对化学疏果最为敏感。果实纵径生长大于横径，果形指数大于1。

第二期，果实缓慢生长期果肉细胞增大速度减慢。前期芳香族氨基酸出现峰值，后又迅速下降，促使核层细胞木质化，为核干重的主要增长期。进入此期后5天胚才开始迅速生长，并吸收胚乳的养分。种仁干、鲜重都增长不大。果实纵径仍大于横径。此期长短因品种不同而异。

第三期，果实第二次迅速生长期果肉细胞迅速膨大，为果肉干、鲜重的主要增长期。进入此期10天后核完全硬化，14天后胚乳基本消失，胚体积增大停止，但仍继续积累干物质，此期为种仁干重的主要增长期。果实横径的增长速度大于纵径。

第四期，果实成熟和衰老期果肉细胞增大速度迅速下降。果核干、鲜重增长也有所下降，种仁在鲜重下降的同时，干重仍继续增加。进入此期后，果皮底色迅速褪绿转黄或红，是鲜食品种的适宜采收期。期末氨基酸含量下降，合成新的蛋白质，蛋白质含量增加，说明此时果实已进入呼吸跃变期，果皮由黄色变为橙黄色，果实硬度随之下降。此期是由成熟向过熟过渡的生理转变期。

112. 如何确定果树适宜负载量？

果树的产量与树体光能利用的能力有关。因此，果树产量指标的确定，应首先考虑树体的光能利用状况，而提高树体光能利用率有两条途径：一是通过适当密植及合理修剪，改善肥水条件等管理措施，扩大有效光合面积，提高光合效能；二是控制营养器官消耗，调节光合产物合理分配，增加经济产量比重。其次，果实本身存在质与量间的矛盾和制约关系。同一条件下，果实质与量的制约现象，在超负载情况下表现尤为突出。因此，现代果品生产中，果树适宜负载量应以保证提高优质果比例为前提。最后，李、杏不同品种对外界环境条件的要求与适应性也是影响果实负载量的重要因素。环境条件中尤以温度影响最大，除影响光合作用外，低温还是果实负载量的一个主要限制因子，甚至影响到某一区域能否栽培某一品种。

果树适宜负载量的确定应遵循以下原则：①保证不妨碍翌年必要花量的形成；②保证当年果实数量、质量及最优的经济效益；③保证不削弱树势和必要的贮藏营养。李、杏栽培中产量不足造成经济上的损失是显而易见的，但过量负载也会产生严重的不良后果。首先，削弱果树必要的贮藏营养，根系生长明显受到抑制，进而地上部营养生长随之减弱，导致光合效能降低。其次，过量负载不仅造成翌年产量减少，而且可能造成连续两三年减产。因此，对果树负载量不加调节，必然形成大小年等不良后果，且大年小果、青果、次残果比例增多，果实品质低劣。由此可见，适宜负载量应控制在有利于提高果实品质、维持树势和稳产的水平上。

113. 果树负载量有哪些调控途径？

（1）疏花疏果。生产上控制果树负载量通常是从大年做起，即对于花量过多或坐果过多的果树，进行疏花疏果处理。首先疏花疏果应以早疏为宜。疏果不如疏花，疏花不如疏芽。疏除多余的花果越晚，养分浪费越多，对克服坐果与成花矛盾的效果就越小。早疏除多余的花或幼果，能促进保留下的佳果的坐果率提高。因此，特别是大年，应在冬剪时，尽量剪除或短截多余的花枝，以减少花芽开放过程中的消耗。其次，疏除劣小果，择优留果，也是控制果树负载量，改善果实品质的重要措施。由于李、杏不同品种结果习性不一，疏果时应因树制宜。原则上，树势较弱时，外围延长枝段不宜留果，内膛弱枝也宜重疏，仅保留光照最佳的果枝上的果实。壮旺树则内膛、外围均可酌情多留，即以果压枝，延缓树势。同理，为兼顾产量与质量，大年树果多，宜留单果；小年树应改留双果或多果，以弥补产量不足。

（2）保花保果。与疏花疏果相对应，当树体中贮藏营养不足，幼果发育不良时，须及时保花保果，以保持果树适宜负载量。一般弱树、老树、弱果枝等常不易坐果或坐果后果实发育不良，多采取以下技术措施。

①人工辅助授粉。一般在果树盛花初期到盛开期先后授粉 2 次，2 次间相隔两三天。授粉最宜在花开放当日上午进行，以利受精坐果；②花期放蜂。李、杏为虫媒花，花期增加果园内的蜂群，对提高果树授粉及坐果率有显著作用。一般果园放蜂应在开花前就安置蜂箱，应选择强蜂群。通常一个强蜂群可保证 0.33～0.67 公顷果园的充分授粉。除蜜蜂外，壁蜂也是很好的授粉昆虫。人工放养壁蜂，比放养蜜蜂的成本低、方便；③花期前后，加强管理。因花期所需营养物质，几乎均为贮藏营养，所以，上一年采收后应加强肥水管理，保护叶幕完整，改善采后树光合作用，积累更多贮藏养分。同时，还须加强春季管理，为开花坐果提前制造养分。花期喷施 0.3% 硼砂加 0.1% 蔗糖 1 次，以利花粉发芽和促进受精，提高坐果率。花后喷施 0.3%～0.5% 尿素 2～3 次，以提高叶片光合效能，为幼果提供有机营养；④栽培管理。摘心、环剥等可改变花期前、后树体内部营养输送方向，使有限的营养物质优先供应子房或幼果，提高坐果率。花期或花后喷施人工合成生长调节剂可保花保果。预防花期霜冻和花后寒害、避免过涝等也是保花保果的必要措施。

114. 保花保果有哪些途径？

（1）树体的营养水平，特别是贮藏营养水平，对花芽质量有很大影响。许多落叶果树的花粉和胚囊是在萌芽前后形成的，此时树体叶幕尚未形成，光合产物很少，花芽的发育及开花坐果主要依赖于贮藏营养。贮藏营养水平的高低，直接影响果树花芽形成的质量，胚囊寿命及有效授粉期的长短等。因此，凡是能增加果树贮藏营养的措施，如秋季促使树体及时停止生长，尽量延长秋叶寿命和光合时间等，都有利于提高坐果率。合理调整养分分配方向也是提高坐果率的有效措施。果树花量过大、坐果期新梢生长过旺等都会造成贮藏养分的消耗，从而影响果树的坐果率。采用花期摘心、环剥、疏花等措施，能使养分分配向有利于坐果的方向转化，对提高坐果率具有显著的效果。对贮藏养分不足的树，在早春施速效肥，如在花期喷施尿素、硼酸、磷酸二氢钾等，也是提高坐果率的有效措施。

（2）在果园配置有足够授粉树的情况下，果树的自然授粉质量主要取决于气候条件和昆虫活动状况。花期如遇异常的气候条件，会影响昆虫的活动，导致授粉不良，坐果率低，从而造成大幅度减产。近年来，由于授粉不良而大幅度减产的事例发生频繁。这是因为一方面，随着化学农药使用量的增加，自然环境中昆虫数量日益减少。另一方面，随着全球气候的变化，果树花期异常气候的出现也越来越频繁，如花期大风、下雨等。因此，完全靠自然授粉难以保证果树的连年丰产和稳产。所以，需要通过人工授粉来对自然授粉进行替代和补充，它能保证授粉的质量，提高坐果率，并且在促进果个增大、端正果形及提高果品质量方面效果显著。

（3）使用某些植物生长调节剂，可以提高果树坐果率。近年来，科研单位研制出许多新型的提高坐果率的药剂，其中很多为植物生长调节剂与其他物质如氨基酸、生物碱、微量元素等的混合物，对提高果树的坐果率可以起到良好的效果。在应用生长调节剂时要注意，不同的调节剂，或同一种调节剂在不同树种上使用时，其作用差别很大，第一次使用新的生长调节剂时，必须进行小面积试验，以免造成损失。

（4）花期是果树对气候条件最敏感的时期，如遇恶劣天气，往往会造成大幅度减产。目前人类还不能完全控制天气的变化，但可尽量减少恶劣天气所造成的损失。果园种植防风林地改善果园小气候是很有效的措施。此外，通过早春灌水，可推迟果树开花的时间，躲过晚霜的危害，减少损失。但应注意在花期尽量不要灌水，以免降低坐果率。

115. 如何进行人工授粉？

（1）采花。采集适宜品种的大蕾期（气球期）的花或刚开放但花药尚未开裂的花。适宜品种应具备以下条件：①花粉量大且具有生活力；②与被授粉品种具有良好的亲和性。为了保证花粉具有广泛的使用范围，在生产上最好取多个品种的花朵，授粉时把几个品种的花粉混合在一起使用。

（2）取粉。采花后，应立即取下花药。在花量不大的情况下，可采用手工搓花的方法获得花药，即双花对搓或把花放在筛子上用手搓。花量大时，可用机械脱药。花药脱下后，应放在避光处阴干，温度控制在 25℃左右，最高不超过 28℃，一般经过 24～48 小时花药即可开裂。干燥后的花粉放入玻璃瓶，并在低温、避光、干燥条件下保存备用。

（3）异地取粉与花粉的低温贮藏。在生产中常常遇到由于授粉品种的花期晚于主栽品种而造成授粉品种缺少花粉的问题。为解决这个问题，可采用异地取粉和利用贮藏的花粉的方法。异地取粉是利用不同地区物候期的差异，从花期早的地区取粉为花期晚的地区授粉。花粉在低温干燥的条件下可长时间保持生命力。在进行低温保存时应注意以下条件的控制：一是低温，对于大部分树种，温度应控制在 0～4℃；二是干燥，在花粉保存中应保持干燥，最好放入加有干燥剂的容器中；三是避光保存。

（4）授粉。授粉的方法有人工点授、机械喷粉、液体授粉等。在生产中应用最多的是人工点授。授粉时期应从初花期开始，并随着花期的进程反复授粉，一般人工点授在整个花期中至少应进行两遍。当天开放花朵授粉效果最好，以后随花朵开放时间的延长，授粉效果逐渐降低。点授时，每个花序只授两朵，对坐果率高的品种，可间隔授粉，而对坐果率低的品种或花量少的年份，应多次授粉。授粉常用工具有细毛笔、橡皮头、小棉花球等。为了节约花粉，可把花粉与滑石粉按 1∶5 的比例进行混合后使用。

为了提高授粉效率，可采用机械喷粉。具体方法是在花粉中加入 200～300 倍的填充剂后，用喷粉机进行授粉。也可采用液体授粉，液体授粉的配方为：水 10 千克、蔗糖 1 千克、硼酸 20 克、纯花粉 100 毫克，液体混合后应在两个小时内喷完。机械授粉效率高，但花粉使用量大，需大幅度增加采花数量，因此在生产上效率不高，特别是一家一户应用时较困难。

116. 使用壁蜂授粉有什么好处？

生产上用的壁蜂是从日本引进的角额壁蜂。角额壁蜂，属膜翅目切叶蜂科的野生蜂，该蜂黑灰色，体长 10～15 毫米，雌蜂略大于雄蜂，比蜜蜂略小，经人工驯化，诱引其集中营巢。壁蜂经过人工驯化后具有许多适宜果蔬授粉的优点，壁蜂 1 年 1 代，自然生存、繁殖力强，性温和，无须喂养，它一年中有 320 天左右在管巢中生活，在管巢外授粉活动中生活 40 天左右，便于放养管理，也自然避免了与果蔬打药的矛盾。壁蜂具有春季活动早，耐低温，繁殖率高，活动范围小，传粉速度快，授粉效果好，管理简便，即使在雨天等恶劣天气也能出巢授粉等特点，非常适合于李、杏、梨、苹果、桃、樱桃、猕猴桃、枣等果树授粉，利用壁蜂给果树授粉，对提高坐果率，增加单果重量，提高果品产量和质量效果非常明显，并且果实抗病能力强，果形端正。

壁蜂的访花速度为每分钟 10～15 朵；家养蜜蜂访花速度为每分钟 4～8 朵。在所有访花的蜜蜂群体中约有 90% 都是采蜜的工蜂，它们大都站在花瓣上用喙管插入花心吸蜜，吸完之后就飞往另一朵花上继续吸蜜，整个身体极少与雌蕊柱头接触。而壁蜂在访花时均为顶采式，即雌蜂飞临花朵时，直接降落在花朵的雄蕊群上，头部弯曲伸向花朵雄蕊的一侧，用喙管插入花心部吸取花蜜，同时腹部腹面紧贴雄蕊群，用中、后足蹬破花粉囊，使已成熟的花粉粒立即爆裂出来，通过腹部运动使腹毛刷迅速刮刷雄蕊，不断收集和携带厚厚一层花粉。壁蜂的形态特征及访花行为，使壁蜂的身上所收集的花粉很容易传到另一株果树花朵的雌蕊柱头上，使此花朵得到充分授粉。据日本学者前田泰生等人对角额壁蜂的访花行为观察，认为壁蜂访花时，使自身携带的花粉与访花的花朵柱头接触率为 100%。

117. 疏花疏果有什么作用与意义？

疏花疏果是人为及时疏除过量花果，保持合理留果量，以保持树势稳定，实现稳产、高产、优质的一项技术措施。果树开花坐果过量，会消耗大量贮藏营养，加剧幼果之间的竞争，导致大量落花落果。幼果过多，树体的赤霉素水平提高，抑制花芽的形成，造成大小年结果现象。果实过多，造成营养生长不良，光合产物供不应求，影响果实正常发育，降低果实品质，削弱树势，降低抵抗逆境的能力。进行疏花疏果，有以下作用。

（1）保花保果，提高坐果率。

（2）克服大小年，保证树体稳产丰产。果实在生长期同花芽分化间的养分竞争十分激烈。有限的养分过多地被果实发育所消耗，树体内的养分积累不能达到花芽分化所需水平。此外，幼果会产生大量的赤霉素，较高水平的赤霉素对花芽分化有较强的抑制作用。因此，过大的果树负载量往往会造成第二年花量不足，产量降低，出现大小年现象。通过疏除多余的果实可以保持花芽分化期树体内赤霉素的含量水平，从而保证每年都形成足够量的花芽，实现果树丰产稳产。

（3）提高果实品质。疏除过多的果实，使留下的果实能实现正常的生长发育，采收时果大，整齐度一致。此外，在疏果时，重点疏除弱果及位置不好、发育不良的果及病虫果、畸形果等，从而减少残次果率。

（4）保证树体生长健壮。频繁和严重的大小年，对树体发育影响很大。在大年，过大的果树负载量会导致树体的贮藏养分积累不足，树势衰弱，抗性降低。疏除过多的花果，有利于枝叶及根系的生长发育，使树体贮藏营养水平得到提高，进而保证树体的健壮生长。

118. 疏花疏果的时期是什么？

理论上讲，疏花疏果进行得越早，节约的贮藏养分就越多，对树体及果实生长也越有利。但在实际生产中，应根据花量、气候、树种及疏除方法等具体情况来确定疏除时期，以保证足够的坐果为原则，适时进行疏花疏果。通常生产上疏花疏果可进行3～4次，最终实现保留合适的果树负载量。结合冬剪及春季花前复剪，疏除一部分花序，开花时疏花，坐果后进行1～2次疏果可减轻果树负载量。在应用疏花疏果技术时，有关时期的确定，应掌握以下几项原则。

（1）花量大的年份早进行。即使是树体花量大的年份，也要分几次进行疏花疏果，切忌一次到位。

（2）自然坐果率高的品种早进行，自然坐果率低的晚进行。对于自然坐果率低的品种，一般只疏果、不疏花。

（3）早熟品种宜早定果，中晚熟品种可适当推迟。

（4）花期经常发生灾害性气候的地区或不良的年份应晚进行。

（5）采用化学方法进行疏花疏果时，应根据所用化学药剂的种类及作用原理，选择疏除效果最好、药效最稳定的时期施用。

119. 人工疏花疏果有哪些方法？

人工疏花疏果是目前生产上常用的方法。优点是能够准确掌握疏除程度，选择性强，留果均匀，可调整果实分布。缺点是费时费工，增加生产成本，不能在短时期内完成。

人工疏花疏果一般在了解成花规律和结果习性的基础上，为了节约贮藏营养，减少"花而不实"的情况，以早疏为宜。疏果不如疏花，疏花不如疏花芽，所以人工疏花疏果一般分三步进行。第一步，疏花芽。即在冬剪时，对花芽形成过量的树，进行重剪，着重疏除弱花枝、过密花枝，回缩串花枝，对中、长果枝疏掉顶花芽。在花芽萌动后至开花前，再根据花量进行花前复剪，调整花枝和叶芽枝的比例。第二步，疏花。在花序伸出时至花期，疏除过多的花序和花序中不易坐优质果的次生花。疏花一般是按间距疏除过多、过密的瘦弱花序，保留一定间距的健壮花序。对坐果率高的品种可以进一步对保留的健壮花序只保留1～2个健壮花蕾，疏去其余花蕾。第三步，疏果。在落花后至生理落果结束之前进行，疏除过多的幼果。

定果是在幼果期，依据树体负载量指标，人工调整果实在树冠内的留量和分布的技术措施，是疏花疏果的最后程序。定果的依据是树体的负载量，即依据负载量指标（枝果比、叶果比、果实间距、干周及干截面积等），确定单株留果量，以树定产。一般实际留果量比定产留果量多留10%～20%，以防后期落果和病虫害造成减产。定果时先疏除病虫果、畸形果、梢头果、纵径短的小果、背上及枝杈卡夹果，选留纵径长的大果、下垂果和斜生果。依据枝势、新梢生长量和果间距，合理调整果实分布。枝势强，新梢生长量大，应多留果，果间距宜小些；枝势弱，新梢生长量小，应少留果，果间距宜大些。对于生理落果轻的品种定果可在花后1周至生理落果前进行，定果越早，越有利于果实的发育和花芽分化。反之，应在生理落果结束后进行定果。

120. 化学疏花疏果有哪些方法？

化学疏花疏果是在花期或幼果期喷洒化学疏除剂，使一部分花不能结实或使幼果脱落的方法。优点是省时省工、成本低，疏除及时等；缺点是其疏除效果受诸多因素（影响药效的因素多）的影响，或疏除不足，或疏除过量，从而致使这项技术的实际应用有一定的局限性。具体分为化学疏花和化学疏果。

（1）化学疏花是在花期喷洒化学疏除剂，使一部分花不能结实而脱落的方法。化学疏花常用药剂有二硝基邻甲苯酚及其盐类、石硫合剂等，这些药剂可以灼伤花粉和柱头，抑制花粉发芽和花粉管伸长，使花不能受精而脱落。化学疏花一般在盛花后1~3天喷施药剂，早花开放已完成授粉受精，可以疏除晚开的花，但对于未开放的花朵则无效，因此对于花期较长的树种，喷一次疏除效果较差，可根据实际情况，连喷2~3次，使用浓度因树种、气候条件、药剂种类而不同。化学疏花由于影响药效的因素较多，有时难以达到稳定的疏除效果。

（2）化学疏果是在幼果期喷洒疏果剂，使一部分幼果脱落的方法。化学疏果省时省工，成本低，但影响药效的因素较多，难以达到稳定的疏除效果，一般配合人工疏果。化学疏果常用药剂有甲萘威、萘乙酸、敌百虫、乙烯利等，喷施后通过改变内源激素平衡，或干扰幼果维管系统的运输作用，减少幼果发育所需的营养物质和激素合成，从而引起幼果脱落。化学疏果剂的使用时期一般在盛花后10~20天，不同药剂有效使用浓度不同，同一药剂在不同果树，不同气候条件及树势条件下存在较大的差异。因此在化学疏果时，使用浓度不宜过高，并应结合人工疏果进行。

121. 影响疏花疏果剂使用效果的因素有哪些？

疏花疏果剂的作用机制有以下几个方面：①抑制落在柱头上的花

粉萌发和花粉管的伸长；②腐蚀或灼伤柱头；③干扰幼果维管系统的运输作用，减少幼果发育所需的营养物质和激素合成；④改变内源激素平衡，使促进脱落的激素水平提高。影响化学疏除效果的因素主要有以下几点。

（1）时期。由于疏除剂的疏除原理及作用时期不同，不同疏除剂适宜的使用时期有较大的差异。有些疏除剂需要在盛花期使用，而另外一些应在盛花后乃至在幼果期使用。此外，同一种疏除剂，由于使用时气候条件、使用浓度的不同，最佳使用时期也会有所差异。

（2）气候。喷药前后的气候条件对化学疏除效果的影响很大，喷药后空气相对湿度大或遇小雨，会增加药剂的溶解量，使树体吸收量加大，疏除效果增强。在晴朗温暖的天气喷药，疏除效果比较缓和，很少出现疏除过量的危险。

（3）树势和树龄。不同的树势，对疏除的效果有很大影响。一般在相同的用药条件下，树势健壮，花芽质量好的疏除难度大，反之，疏除较易。另外，结果初期的树和成年树相比，其营养生长旺盛，与生殖生长间易发生养分竞争，因此容易疏除。在实际生产中，对结果初期的树进行疏果时，药剂用量应减少 $1/3 \sim 1/2$。

（4）品种。不同品种对同一疏除剂的反应存在差异。一般自然坐果率高的品种，疏除较难，但不易造成疏除过量而导致大面积减产的危险。

（5）表面活性剂。使用表面活性剂，能够降低药液的表面张力，使药剂喷布更加均匀并更好地与植物表面接触，增加药剂的吸收量，从而使疏除效果得到加强且疏除较均匀。

化学疏花疏果中应注意的问题：由于药效受多种因素的影响，化学疏花疏果的稳定性欠佳，应用不当，会导致过量疏除，造成减产。原则上，使用浓度不宜过高，并应结合人工疏果措施进行，应先用疏花疏果剂疏去大部分过多花果，再进行人工调整。这样既发挥了疏花疏果剂化学疏除高效省工的优点，又避免了过量疏除的危险。

122. 落花落果及其防治措施是什么？

李、杏第一次落果（落花）是花后即落（带花柄），原因主要是雌蕊发育不充实所致；第二次落果是第一次落果后约 14 天，果似绿豆大时开始掉落（带果柄），直至核开始硬化为止，此期落果的原因主要是由受精不良，或子房的发育缺乏某种激素，或胚乳中途败育等原因引起；第三次落果，即采前落果，核开始硬化到完全硬化前落下（不带果柄），此时果径约 2 厘米，主要是胚在发育过程中缺乏营养引起胚死亡所致，此次落果对当年产量影响很大。此外日照不足或土壤水分失调也是造成落花落果的主要因素。

灾害性采前落果主要是指在果实成熟前由于大风、干旱、病虫等灾害造成的果实脱落。对灾害性落果的预防，应针对具体情况，采取相应措施。

（1）防风。大风是造成灾害性落果的最主要原因。往往一场大风过后，落果遍地，严重时产量全无。因此，生产上应加强防风，特别是在采收前经常发生大风的地区要加强风灾的预防。防风的措施主要有：①果实加固，对果实及枝条采用支、吊等方法进行加固，是减轻由于风害造成落果的最有效方法；②降低风速，采用防护措施可降低风速，主要有建立防风林、设立防风网或防风障等措施。

（2）合理灌溉。目的是减轻干旱造成的落果。

（3）加强植物保护工作。防止因病虫害造成落果。

123. 倒春寒有哪些预防措施？

春季是李、杏树发芽开花期，这一时期也是果园管理中实现果树增产的重要时期。为防止倒春寒对果树的危害，果农朋友应密切关注天气预报，若遇上不良天气要及时采取以下措施，做好果园防冻减灾的管理工作。

（1）树干涂白。树干涂白是比较常用的一种方法，早春对树干进行涂白，能有效地减少树体对太阳能的吸收，使树体温度回升缓慢，推迟果树萌芽和开花。涂白剂的配方和制作方法为：石硫合剂原液和盐水各 0.5 千克，生石灰 3 千克，水 10 千克，油脂适量。将生石灰加水熟化，加入油脂搅拌后制成石灰乳，再倒入石硫合剂原液和盐水，充分搅拌即可。

（2）果园浇水。萌芽前或在果树萌芽后至开花前对果园进行浇水，能明显降低地温，起到推迟果树萌芽和开花的作用（一般可推迟开花3~5天）。在霜冻前浇水，晚上水温比土温高，水可为土壤提供大量的热量，利于土壤深层的热量向上传递。

（3）喷施药剂。果树萌芽前，用0.25%~0.5%萘乙酸钾盐溶液喷洒全树或在萌芽初期喷0.5%氯化钙溶液，可抑制花芽萌动，延迟开花3~5天。花前喷施1 000~1 500倍芸薹素内酯，能保护、稳定细胞膜，提高果树的抗寒性。同时对萌芽、开花授粉也有良好的促进作用，可提高坐果率。在晚霜来临之前对正在开花的果树喷洒0.3%~0.5%的磷酸二氢钾溶液，可增强花蕊的抗寒性。

（4）防风屏障法。在果园的上风口设立防风屏障、建筑围墙或搭建其他防风设施，能使树体少受倒春寒及晚霜等恶劣天气的侵袭，减轻果树冻害的发生。

（5）熏烟。熏烟能减少土壤的热辐射，抵御冷空气入侵，提高果园内的温度，改善果园小气候，是防御花期冻害最直接的办法，对-2℃以上的轻微冻害效果好。具体做法：在果园四周上风口方向堆放可燃物品，如秸秆、锯末、落叶等，每亩堆放3~5堆，当夜间温度降至果树受冻临界温度时开始熏烟。还可以使用果树防冻弥雾机在果园内喷烟防冻、用柴油发烟产生大量烟雾驱赶冷空气的入侵等。

124. 倒春寒后有哪些补救措施？

李、杏是多年生果树，发生倒春寒后，不能因为在遭受冻害的当年挂果少而放弃管理，要加强管理，减轻冻害造成的损失，为翌年的增产增收奠定良好的基础。遭受倒春寒后可采取以下补救措施。

（1）采取措施，提高坐果率。对受冻较轻的果园可采购花粉进行人工辅助授粉或花期放蜂，早春果树露红时喷施1 000~1 500倍芸薹素内酯，也可喷PBO果树生长调节剂。花期受冻不建议疏花，而是等坐果后看情况进行定果。

（2）科学施肥。前期氮肥少施或不施，增施磷、钾肥，多施有机肥，搞好营养生长与生殖生长的平衡，使树势达到中庸偏旺。秋施基肥要早，以9月中下旬为好，施肥量以每生产1千克果施1.0~1.5千克有机肥为宜。通过增施有机肥，可改良土壤，增加树体的贮藏营

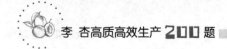

养，强壮树势，提高树体抗性。

（3）科学修剪。创建丰产树形结构和丰产果园，对于幼龄果园，要根据定植密度培养合理树形。对于老果园，要采取高光效树形改造技术，通过间伐减密度，提高主干高度，通过落头开心和去大枝的方法打开光路，同时通过精细修剪调整营养枝与结果枝比例，亩留枝量5万个左右，使果园通风透光良好，果树光合效率整体提高，达到枝枝见光，提高果实着色度，实现果品的高产优质，提高果园经济效益。

（4）病虫害综合防治。首先，要做好病虫害前期预防工作，搞好果园卫生，做好清园工作，减少病虫害越冬基数，把枯枝、落叶、病僵果、杂草等清出园外集中深埋或烧毁，萌芽前和落叶后喷一遍铲除性药剂。其次，害虫防治要以物理防治、生物防治为主，化学防治为辅，如用昆虫性诱剂、黏虫胶带、黄板、糖醋液或杀虫灯等诱杀，利用天敌捕杀。化学防治要以药剂说明书为准，不要随意加大剂量或与多种药剂混用，以免增加农药残留，影响果品质量安全。同时要注意虫害防治要适时用药，绝不可盲目用药，要选用高效低毒经济安全有效的药剂进行防治。

125. 如何解决低温影响坐果问题？

（1）选用抗寒品种。在容易出现低温晚霜的地区种植李、杏树，应选用抗寒性强、花期较晚的优系品种，以适应低温环境和避开霜期，这是减轻晚霜危害最直接有效的措施。

（2）科学建园。应在背风向阳坡地、地势较平缓、水肥条件较好的地段建园，不在低洼地、阴坡建园，以免冷空气滞留而发生冻害。

（3）延迟花期。延迟开花，避开低温霜冻。早春喷施300～500毫克/升萘乙酸钾盐溶液，可推迟花期7～10天；萌芽前灌溉，可推迟花期2～3天；芽膨大期喷施800～1 000毫克/升抑芽丹，可推迟花期4～5天；萌芽初期，喷施0.5%氯化钙溶液，可推迟花期4～5天。

（4）补充营养，增强树势，提高抗寒。为应对低温霜冻对花的危害，可在萌芽前给树体补充营养，增强树势，提高抗寒力。萌芽前喷施 0.3%硫酸锌溶液＋0.5%尿素溶液，或喷施氨基酸硼锌钙 200～300 倍液，萌芽后喷施 0.3%～0.6%的磷酸二氢钾溶液，以补充树体营养，提高树体抗寒力。

（5）人工授粉。李、杏花期遇低温霜冻天气，授粉效果差，坐果率低。对受冻较轻的花进行人工授粉，并喷施 0.2%～0.3%硼砂＋0.3%～0.5%尿素混合液，既可减轻冻害，又可提高坐果率。

（6）放蜂授粉。果园放蜂能有效提高李、杏坐果率，低温天气（气温低于 15℃）蜜蜂飞行传粉活力降低，会大大影响蜂群对李花的授粉效果。为刺激蜜蜂采花粉的积极性，在开花期对花朵喷施 0.3%～0.6%蜂蜜水或 0.6%～1.0%白糖水，能显著提高蜜蜂授粉效果，提高坐果率。

126. 保障正常果实大小的措施有哪些？

加强综合管理，生产出品种应有的正常大小的果实，应采取以下措施。

（1）加强管理。尽量满足果树生长发育所需的环境条件，尤其是满足其对营养物质的需求，合理修剪以维持良好的树体结构和光照条件，增加叶片的同化能力，适时适量地施肥灌水，这些措施都有利于促进果实的膨大和提高果实品质。

（2）人工辅助授粉。除可提高坐果率外，还有利于果实膨大和端正果形。

（3）疏花疏果。果树负载量过大是果个变小的主要原因之一。因此，合理疏花疏果，选留发育良好的果实，使树体有足够的同化产物和矿质营养以满足果实发育的需求。

127. 改善果实色泽的途径有哪些？

果实的色泽是评价外观品质的重要指标之一。在生产上可以依据李、杏果实的色泽发育特点进行调控，改善果实的色泽。

（1）合理修剪，改善光照条件。李、杏树体通过整形修剪，缓和树势，改善通风透光条件，可以提高光能利用率，促进光合产物积累，增强着色。

(2) 加强土肥水管理。提高土壤有机质含量，改善土壤团粒结构，提高土壤保肥、保水能力。矿质元素与果实色泽发育密切相关，过量施用氮肥，影响花青苷的形成，导致果实着色不良，故果实发育后期不宜追施氮素肥料。在果实发育的中、后期增施钾肥，有利于提高果实内花青苷的含量，增加果实着色面积和色泽度。钙、钼、硼等元素，对果实着色也有一定促进作用。果实发育的后期（采前 10～20 天），保持土壤适度干燥，有利于果实增糖着色，此期灌水或降雨过多，均将造成果实着色不良，品质降低。

(3) 果实套袋。套袋是提高果实品质的有效措施之一，除能改善果实色泽和光洁度外，还可以减少果面污染和农药残留，提高食用安全性，预防病虫和鸟类的危害，避免枝叶擦伤果实。

(4) 树下铺反光膜。在树下铺反光膜可以改善树冠内膛和下部的光照条件，解决树冠下部果实和果实萼洼部位着色不良的问题，从而达到果实全面着色的目的。

128. 如何提高或保证果面的光洁度？

在果实发育和成熟过程中，常因环境条件、人为因素、植保因素等造成果实表面粗糙，形成锈斑、微裂或损伤，影响果实的外观，降低商品价值。

果实的果皮娇嫩，对不良环境的抵御能力差，废气、烟尘、强光、过高或过低的温湿度、大风等因素，都会导致果实表面出现黑褐色污垢、裂果、锈斑、日灼伤害等现象，使果面变得粗糙。

人为因素的影响分为两种，第一种是果园用具质量，果袋、农药、肥料、生长调节剂等影响果品的质量。第二种是操作问题，套袋太迟或过早、摘袋方法不当，摘叶、转果等管理环节操作不当均易导致果面擦创伤，出现斑疤；农药使用次数多、浓度高或在套袋前、摘袋后使用刺激性农药也会影响果面的光洁度。

提高果面光洁度可从以下几个方面入手。

(1) 建园时，尽量避开不良的环境因素。远离工厂、矿山、公路等环境，防止废气、烟尘污染果面，建园时要避开风口，选择温湿度适宜的地点建园，避免投资浪费。

（2）果实套袋。注意选择高质量的纸袋，要求纸袋大小适宜，具有良好的抗水性、遮光性和透气性，套袋前给果实补钙，套袋时要避免纸袋擦伤果面和拉掉幼果，袋口要扎紧。要注意适时、适法摘袋。

（3）合理应用农药和叶面肥料。农药及一些叶面喷施物施用时期或浓度不当，往往会刺激果面变粗糙，甚至发生药害，影响果面的光洁度和果品性状。

（4）洗果。果实采收后，分级包装前进行洗果，可洗去果面附着的水锈、药斑及其他污染物，保持果面洁净光亮。

129. 改善果实风味的途径有哪些？

果实风味是内在品质最重要的指标，也是一个综合指标。果实品质的优劣与生态环境有密切关系，因此只有依据作物生长发育特性及其对立地条件、气象条件的要求，适地适栽，才能充分发挥出品种固有的品质特性。土壤有机质含量、质地对果实品质有明显的影响。温度和降雨也都直接影响果实风味。

叶幕微气候条件对果实品质有很大影响，由于叶幕层内外光照水平不同，果实糖、酸含量也不同，一般外层果实品质较好。因此，在果树整形修剪时，选择小冠树形，减少冠内体积，增大树冠外层体积，可以提高果实品质。棚架栽培，由于改善了通风透光条件，营养分配均匀，所以果实品质风味好。

合理施肥灌水可有效改善果实风味。果实发育后期轻度水分胁迫能提高果实的可溶性糖及可溶性酸含量，使果实风味变浓，但严重缺水时，会降低糖、酸含量，而且肉质坚硬、缺汁，风味品质下降。水分过多会使果实风味变淡。一般情况下，施用有机肥有利于提高果实风味，而施用化学肥料则会降低果实品质，不同化学肥料对果实品质的影响也不同。

130. 提高果实品质的关键技术有哪些？

（1）选择适宜品种。根据当地的气候条件、市场需求以及交通运输条件等选择适宜种植的品种，充分发挥品种的优良特性。

（2）合理负载。根据品种特性、树体状况以及管理水平，及时疏花、疏果，使树体合理负载，不仅可以增大果个，提高商品果率，而且有利于丰产、稳产。

（3）增施有机肥。有机肥含有较多的有机质和腐殖质，养分全面，可以改善土壤理化性状、活化土壤养分、促进土壤微生物的活动，有利于作物的吸收与生长。有机肥配合磷、钾肥施用，还可以提高果实可溶性固形物含量，增加果实糖含量。

（4）通风透光。选择合理的栽植密度，采用适宜的树形与整形修剪方式，及时疏除内膛旺长枝条，保持中庸树势和良好的通风透光条件，有利于果实的着色和品质的提高。

（5）生草栽培与铺反光膜。果园行间种植绿肥生草，并适时刈割覆于树盘行间，腐烂后翻入土中，可以增加土壤有机质含量，而且可以改善果园的微生态环境。铺设反光膜，可以增加树冠下部果实的光照，有利于提高光合效率。

七、整形修剪

131. 李、杏树整形修剪的意义是什么?

　　整形修剪是李、杏生产管理中一项至关重要的栽培技术措施,是指在不违背李、杏树体生物学特性的前提下,通过人为的整修技术,使树体形成矮化、紧凑、丰产的骨架。消除枝条过密、通风透光不良的影响,防止先端徒长、下部光秃等有害倾向,保持各类枝条生长适度,分布均匀,配置合理,达到树势均衡,树冠匀称,生长和结果的关系协调,实现早结果、早丰产、连年优质高产的目的。整形是通过各项修剪技术实现的。

132. 李、杏树整形修剪的原则有哪些?

　　李、杏树整形修剪要达到预期目的,需要遵循一定的原则。

　　(1)因树修剪,随枝做形。这是果树整形修剪的总原则,其实质是:果树修剪既要遵循一定的原则,又要灵活掌握,不拘泥于形式。在具体操作时,既要有事先预定的树形,又要根据具体树体结构,随枝就势,诱导成形,绝不能死搬硬套,机械做形。

　　(2)统筹兼顾,长远规划。这是果树修剪的指导思想,既要考虑目前,又要顾及长远。如幼树的整形,对于能否实现早期丰产,延长盛果期等有重要影响。因此幼树期的修剪,既要做到生长好、成形快,又要实现早结果、早丰产,兼顾在长好树的前提下,早见效益。盛果期修剪,也要做到生长结果相兼顾,在多结果的同时,维持相对稳定的树形及一定的新梢生长量,延长结果年限。

　　(3)以轻为主,轻重结合。这是指对枝条的修剪程度而言,幼树期及盛果初期，应适当轻剪，多留枝，轻短截，但对延长枝应重短截，这样轻重结合，不仅有利于树体生长，扩大树冠，而且还可以缓和树势，提早结果，实现早期丰产。

（4）均衡树势，主从分明。这是指对一棵树的处理而言，结构良好的树体，必须保持中心领导枝、主枝延长枝对辅养枝、结果枝等的生长优势，避免出现"喧宾夺主"现象。维持树体下大上小，上下均衡生长，避免出现上强下弱或下强上弱等问题。

133. 李、杏树整形修剪的量化指标有哪些？

（1）覆盖率。指树冠投影面积与植株占地面积之比。果园覆盖率应保持在 75% 左右，这样既能保证结果面积，又能保证通风透光。

（2）枝量。即每亩果园中一年生枝、中果枝、长果枝和营养枝的总量。生长期适宜枝量为 10 万～12 万个，冬剪后为 7 万～9 万个。枝量少影响结果，枝量多影响光照。

（3）枝类组成。指果树不同长度枝条数量的比例。合理的枝类比，要求中、短枝比例占 90% 左右，其中 1 级短枝占总短枝数量的 40% 以上，优质花枝率达到 25%～30%。经修剪后，花枝与生长枝及结果枝与营养枝之比应达到（3～4）：1。

（4）花芽留量。指单位面积或单株修剪后留多少的花芽。幼树要求冬剪后花芽与叶芽数量之比为 1：（3～4），每株树留 300 个左右花芽，每亩留花芽数量为 1.2 万～1.5 万个，花芽数量过多时可以通过花前复剪和疏果来调整。盛果期树剪后一般每株树留 600 个左右花芽，每亩留花芽数量大约 3 万个。丰产果园，每株树留花芽量也不得超过 1 500 个，每亩留花芽量 7 万～8 万个。

（5）树冠体积。指果树生长和结果的空间范围。一般稀植大冠树果园每亩树冠体积控制在 1 200～1 500 米^3，每株树树冠体积约 25 米^3，密植果园每亩树冠体积以 1 000 米^3 为宜，每株树树冠体积约 20 米^3。

（6）新梢生长量。指树冠外围的一年生枝当年生长量。成龄树要求达到 45 厘米左右，幼龄树以 60 厘米左右为宜。如果新梢生长量达不到要求说明树势衰弱，难以取得高产。相反如果新梢生长量远超过要求，则表明树势过旺，不仅花芽分化不良，也难以取得优质果品。

134. 李、杏树整形修剪的依据是什么？

在掌握了整形修剪原则的前提下，修剪时必须做到"四看"，才能发挥整形修剪的作用。

（1）一看品种特性。李、杏品种不同，树龄不同，生长结果的习性不同，在萌芽力、发枝力、分枝角度、成花难易、坐果率高低等方面，都不尽相同。例如，树姿开张、长势弱的品种，整形修剪应注意抬高主枝的生长角度，促使其旺盛生长；树姿直立、长势强旺的品种，则应注意开张角度，缓和树势。

（2）二看树龄和长势。果树一生可分为幼树期、初结果期、盛果期和衰老期。在不同的时期，其生长和结果的表现不一样，对整形修剪的要求也不同。幼树和初结果期树树体生长旺盛，修剪应使树冠及早开张，以缓和生长势，修剪量宜轻，可多留和长留长放。盛果期修剪的主要任务是保证大量结果，并保持树体健壮生长，以延长盛果期的年限。衰老期树体生长势较弱，应在回缩更新结果枝的同时，缩小主枝开张角度，以恢复和增强枝条的生长势。

（3）三看修剪反应。李、杏品种不同，枝条的长短、强弱各异，枝条剪截后会出现不同的修剪反应。以长果枝结果为主的品种，其枝条生长势强，采用重短截后，仍能萌发强枝；以短果枝结果为主的品种，则需轻剪以培养短枝，才能多结果。

（4）四看自然条件。李、杏生长受自然条件影响很大，露地栽培的李、杏树，树体高大，应采用大冠型方式修剪；设施栽培的李、杏树，由于空间有限，宜采用小冠型方式修剪。

135. 李、杏树体结构包括哪些？

树体结构主要指骨干枝的分布、数量及长短。李、杏树属于小乔木，其完整的树体结构包括主干、主枝及侧枝等，这些骨干枝构成了李、杏树体的主要骨架结构。

（1）主干。李、杏树体地面以上至分枝处的一段为主干。主干高低与树冠大小、结果早晚相关。为了尽早成形、及早结果，主干宜矮，一般高度为40～80厘米，但也要根据品种特性、环境条件以及栽培方式等灵活掌握。如直立形品种和土壤瘠薄处、风大处及密植园等，主干宜矮不宜高；开张形品种、树冠大以及寿命长的树，定干可稍高。

（2）主枝数量及着生方式。为保持冠内充足的光照，主枝数量不宜过多。自然开心形树，一般保留3个大主枝，主枝均衡着生在主干上。开张的树形，3个主枝邻接时，各主枝之间的生长势易均衡，但主枝与主干结合不牢固，主枝易劈裂。3个主枝邻近时结构牢固，但主枝之间的生长势不易均衡，易造成下强上弱，即下面的主枝易旺，上面的主枝易弱，所以最好避免下面的两主枝邻接，尽量使上面的两主枝邻接，这样主枝间生长势均衡。

（3）主枝开张角度。李、杏树体主枝开张角度的大小与果树产量、生长势及寿命密切相关。主枝直立形品种极易生长明显，树冠易上强下弱，下部枝早衰，会因缺乏枝条而光秃，造成结果部位外移。树冠开张形品种，主枝易过分开张，所以应注意缩小主枝的开张角度。无论是直立形还是开张形品种成形时，要求开张角度尽量保持在45°～50°，这样主枝上着生的各类结果枝生长势比较均衡，下部枝条的生长和潜伏芽的萌发能够得到合理的调节。

（4）主枝数目与侧枝配置。为保持李、杏树冠内有充足的光照条件，主枝的数目不宜过多。以自然开心形为例，一般以3～4个主枝为宜，过多会影响光照。而侧枝的多少应与主枝数目相反，主枝多，侧枝应少，反之应多。总之，主侧枝的多少，应以充分占用空间，形成立体结果，既通风透光又不影响结果为原则而确定。一般每个主枝上以配置2～3个侧枝为宜，开张角度为60°～70°，主枝头与侧枝头间保持1米左右的距离，以便于枝组生长。

（5）结果枝的配置。李、杏的结果枝分为长果枝、中果枝、短果枝及花束状果枝4种，以花束状果枝和短果枝结果最可靠。花束状果枝结实能力强，寿命也长，在营养状况较好的条件下，其寿命可达到10～15年。通常，中、长果枝在第二年除先端抽生几个较长的新梢外，中下部叶芽大部分形成短果枝或花束状果枝。短果枝和花束状果枝每年由顶芽延伸一小段新梢，继续成为花束状果枝，因此结果部位比较稳定，大小年不明显。老龄的花束状果枝可以发生短的分枝，构成密集的花束状果枝群，营养条件好的时候还能抽生较长的新梢，转变为中、短果枝乃至更新枝。

136. 李树根系有何生长特性？

李树属浅根性植物，根系分布的深度和密度与产量密切相关，栽培土壤条件好的高产树比土壤条件差的低产树，根重高1倍且分布也深。

李用自根苗、共砧或用杏、桃等作砧木栽植，如栽植过深，十余年后，在嫁接口附近长出粗大的侧根，以后这种侧根在距主干1米左右的范围内，常大量发生根蘖，特别是衰老树或地上部受到刺激（如重回缩）时，更易发生，这是李树根系的一个特点。

一般李树在土壤温度5～7℃时，可萌发新根；当土壤温度达到15～22℃时，根系活动最活跃；当土壤温度超过26℃时，根系生长缓慢；当土壤温度达35℃以上时，根系停止生长。

土壤含水量达田间最大持水量的60%～80%时，最适于根系生长。

树体营养情况与根系活动有密切关系，根系活动状况也受地上部各器官活动的制约。幼树根系每年有3次发根高峰。春季随着土壤温度上升，根系开始活动，当温度适宜时出现第一次发根高峰，主要消耗贮藏营养；随着新梢生长，养分集中供应地上部，根系活动转入低潮，当新梢缓慢生长、果实尚未迅速膨大时，出现第二次发根高峰，消耗的是当年叶片制造的养分；之后果实迅速膨大、花芽分化且土壤温度过高，根系活动又转入低潮，秋季土壤温度降低进入雨季后，根系则出现第三次发根高峰，一直延续到土壤温度下降时，才被迫休眠。

成年李树，一年只有两次发根高峰。第一次是在春季，春季根系活动后生长缓慢，直到新梢停止生长后会出现第一次发根高峰，这个时期也是全年的发根季节；第二次的发根高峰是在秋季，但不甚明显，持续时间也不长。

137. 李树枝干有何生长特性？

　　春天萌芽后，由于气温较低，新梢开始生长很慢，节间短，叶片也小，称为叶簇期。随着气温上升，新梢开始旺盛生长，节间长，叶片大，叶腋内的芽充实饱满。5月上中旬叶幕开始形成，但生长较慢，为缓慢生长期，5月中下旬为叶幕迅速形成期，之后又趋缓慢，至8月初为止。枝条停止生长期因树种、树龄和枝类的不同而有差异，树龄越大、枝条越短，停止生长越早。新梢大多在6月上中旬停止生长，加粗生长在加长生长之后。新梢停止生长后，叶片也随之停止生长，此期形成的新梢称为春梢或一次枝。此后，如水分、养分充足，新梢又开始生长，此期形成的新梢称为夏梢或秋梢。短果枝和花束状果枝上的叶片虽然较小，但停止生长早，果枝积累养分早，能形成饱满的花芽。新梢的叶片虽停止生长晚，但叶片较大，果枝积累养分充足，故也能形成较饱满的花芽。

　　李的芽具有早熟性，因气候条件、树龄、树势、枝势和产量不同，1年可抽生1～5次梢。中国中部地区，如浙江定海红心李和金塘李，幼树和初果期树发育枝和长果枝抽梢以2次为多，随年龄增长，抽生长梢数量减少，短梢增加。花束状果枝和叶丛枝1年仅抽梢1次，生长量仅10厘米，逐渐形成鸡爪状，如树势转强，强壮的花束状果枝顶部和叶丛枝也能抽生多量的较长新梢。

　　中国南部地区，1年可抽梢4～5次。如广西南宁三华李，一般健壮的长果枝或发育枝，在立春前后抽生数量多且发育较整齐的春梢，长度约30厘米。生长强壮的春梢，在立夏后一般能再抽1～2次夏梢，但数量少且不整齐。由夏梢发育成的长、中果枝是幼树的主要结果枝。立秋前后从夏梢上抽发秋梢，一般能成花，但不能坐果。生长强壮的秋梢在立冬前后抽发冬梢，一般不能成熟，虽尚可分化花芽，但往往不能坐果。生长较弱的春梢一般不再发长梢，而在基部10厘米以内形成花束状果枝。

138. 杏树根系有何生长特性？

　　杏树属于深根性树种，成年杏树根系庞大，由主根、侧根和须根组成。主根是由杏核播种后生长出的根，在土壤中呈垂直生长状态，所以又叫垂直根；侧根是着生在主根上的大根，有时称之为水平根，随着树龄的增长而生长；须根是生在主根、侧根上的小根。杏树的主、侧根的主要作用是固定树体、贮藏养分，而须根的主要作用是从土壤中吸收水分和养分。

杏树的根系非常发达，在土层深厚、土壤疏松、地下水位低的地方，垂直根可达 5～6 米，在干旱丘陵地区，可达 10 米以上。不同土壤质地，对杏根系的发育及其在土壤中的分布有显著影响。栽植在沙土地、壤土地和重黏质土壤中的杏树，其大多数根系垂直分布深度为 10～60 厘米，根系集中分布区域为 20～50 厘米。沙土地透气性强，保肥保水能力差，不利于根系生长，10～20 厘米的表土层中根系数量较少，根系垂直分布较深；重黏质土壤透气性差，较深土层中含氧量较少，不利于根系生长，40 厘米以下根系数量较少、垂直分布较浅。沙土和重黏质土的根系分布均比壤土的根系分布范围小，对杏树的生长及抗逆能力有一定的影响。一般而言，土壤中空气含量保持在 20% 左右，对杏根系的生长较为适宜。重黏质土及低凹潮湿的土壤，若长期持水，根系易腐烂。偏酸性土壤，即土壤 pH 为 5.5～6.0，比较适合根系生长。

不同的品种，根的数量和分布也不尽相同，一般小冠型品种，根系分布范围较小且浅。使用的砧木不同，杏根系的发育也不一样，一般杏砧根系比桃砧根系分布范围大，寿命也长。

一般情况下，1 年中杏树根系的生长发育早于地上部的生长发育。杏树是落叶果树中根系活动最早的树种，根系在年生长周期中，没有绝对的休眠，只有短暂的相对休眠，只要土壤温度、湿度和通气条件得到满足，就可以全年生长。因此，杏树根系的生长发育主要是受外界条件的影响。

杏树根系生长需要适宜的温度，夏季高温和冬季低温，均会造成根系生长的迟缓。在土壤温度较高、通气较好、土壤肥沃等条件下，均会加速根系生长；而在土壤温度低、通气性差、土壤贫瘠等条件下，根系生长缓慢，生长期也短。幼树、壮年树和强健树的根系生长量大，生长周期也较长。

杏树根系的生长发育，与地上部的活动有密切的相关性。3月在芽萌动前，根系即开始生长活动，吸收土壤中的水分和养分，以供地上部生长发育之用；4月花落后，枝叶生长旺盛，果实迅速膨大，此时根系生长缓慢；5月下旬以后，枝叶生长缓慢，制造和积累的营养物质运输到枝干和根系，根系生长加快；6月中旬以后，枝叶大部分停止生长，果实接近成熟，根系进入生长高峰。由此可见，当年枝叶的生长强弱和果实多少，直接影响根系的生长，而根量和根系贮藏营养物质的多少，以及根系吸收能力的强弱，又影响地上部的生长与结果能力。针对根系的生长发育特点，在生产管理中，应加强土壤的管理，适时适量地采用中耕、深翻、浇水和施肥等农业技术，改善土壤条件，调节土、肥、水、气、热等的关系，促进根系生长，为果实的丰产、稳产和树体的健壮打下良好的基础。

139. 杏树枝干有何生长特性？

杏属乔木类果树，寿命长，在自然条件下枝干生长量大，树高可达10米以上，冠径可达15米左右，是核果类树冠中最大的树种。杏树高大的树冠，决定了它较长的经济寿命，上百年的杏树产量仍有500～600千克，但大乔木果树不仅单位面积株数少，管理不便，而且易导致枝条下部光秃而内膛空虚，结果部位外移，尤其在放任生长的情况下更为严重。现代杏生产已由大冠稀植转为小冠密植，以获得较高的单位面积产量。

杏树枝条依其着生角度可分为直立枝、斜生枝和下垂枝3种；按着生部位和生长顺序分为主枝、侧枝、延长枝；按年龄分为一年生枝、新梢、嫩梢、春梢、秋梢、夏梢。新枝形成时间在一年以内的枝条称为一年生枝；当年生长的枝，只长叶片不能结果的枝叫新梢；没有木质化的枝是嫩梢。不同季节形成的枝分别叫春梢、秋梢、夏梢。一年生枝按功能可分为营养枝和结果枝两类，果树不同年龄时期枝条的类型有明显的变化，即幼树枝条全是营养枝，随着树龄的增长，初结果枝增多而营养枝明显减少，盛果期枝条几乎100％为结果枝。

杏树枝条的生长发育，是由顶芽和嫩芽的抽生实现的。叶芽萌发后，前一周生长缓慢，以后生长速度逐渐加快，到5月下旬或6月上旬，生长速度渐渐慢下来，进一步形成新的顶芽，此阶段形成的新梢为春梢。由于杏树的芽有早熟性，当温度、湿度条件合适时，可继续萌发生长，形成夏梢和秋梢。

杏树的结果枝和发育枝年生长规律不同。结果枝开始生长迅速，而且整齐一致，但停止生长早，一般持续 20～30 天，新的顶芽形成后，便不再生长，年生长量只有 5～30 厘米。发育枝在花后进入旺盛生长期，到 7 月下旬基本停止生长，整个生长周期为 60～80 天。幼树、旺树营养充足，枝条年生长量大，部分腋芽当年萌发形成副梢，并且有可能形成二次枝和三次枝，副梢生长期一般为 15～20 天。

140. 李、杏树整形修剪的主要时期是什么？

李、杏树整形修剪的时期，应依据品种的生长结果习性、树龄、树势、立地栽培条件以及目的要求等而定，一般分为冬季修剪和夏季修剪。

冬季修剪，也称为休眠期修剪，在落叶后至翌年萌芽之前进行，此时枝干和根系贮藏的大量营养物质还没有输送到树冠周围的枝条，修剪后留下的枝条和芽能更多地利用所贮藏的营养物质，促进其生长与开花结果。冬季修剪的目的主要是修剪骨干枝，按要求修剪各种树形，其次还要疏剪和短截一些不需要的枝条，如病虫枝、枯死枝、密生枝以及无法利用的徒长枝等，既培养一定形状的树冠，使树冠各级骨干枝的生长势保持平衡，又培养结果枝组，促进形成结果枝，调节生长和结果的关系，使树体生长与结果保持动态平衡。冬季修剪是整形的主要时期，修剪方法有短截、疏枝、回缩、缓放、刻伤等。

夏季修剪，又称生长期修剪，是指萌芽后到秋季落叶前的整个生长期的修剪。夏季修剪对控制新梢无效生长，降低枝芽发生部位，提高营养物质利用效率，促进花芽分化，克服上强下弱，改善光照条件，提高果实品质等均有明显的效果。幼树夏季修剪，对于早开形、早开花、早结果、早丰产起决定性作用。由于李树枝条年生长量大，而且芽体早熟，当年可抽生二次、三次甚至更多次枝，故夏季修剪非常重要。合理及时地进行夏季修剪，可以减少冬季修剪的工作量，减少树体营养消耗。

141. 李、杏树冬季修剪的主要方法有哪些？

（1）短截。将一年生枝条剪去一部分称为短截。短截程度可分为轻、中、重、极重四种，剪除一年生枝条长度的1/4左右，称为轻短截；剪除枝长的1/3～1/2为中短截；剪除2/3的为重短截；枝条基部仅留2～3个芽进行短截称为极重短截。短截的作用是加强新梢的生长势，降低发枝部位，增加分枝量，改变树冠大小和树冠内膛枝密度，建造牢固的骨架，培养结果枝组以及使衰老枝更新复壮。短截对刺激局部生长的作用较大，但短截过多和过重时也能抑制树冠的扩大，减少同化产物的积累，削弱花芽分化能力。

短截的轻重程度应视树龄、树势和修剪目的确定。对于幼龄树，树势较旺，应以培养良好而牢固的树形结构、提早结果为目的，可以轻短截、多缓放、少疏枝。对于始果期到盛果期的树，修剪的主要目的是使果树多结果、树体生长好，所以在有大量结果枝时，应采取适当加重短截和疏枝相结合的方法。进入衰老期的果树，树势逐渐衰弱，产量逐年下降，修剪时要从恢复树势着手，实行重短截，采用剪口下留壮芽的剪法，以促进其萌生新梢，使树势复壮和继续形成结果枝。尤其是李树的结果部位都在当年的新梢上，而且新梢上几乎每节都有花芽，短截以后，可以促其多抽生新梢，增加翌年的结果部位。

（2）疏枝。疏枝也称疏间或疏剪，即把枝条从基部剪掉。疏枝主要是把细枝、病虫枝、徒长枝、重叠枝和稠密遮光的无用枝从基部疏除，使留下的枝条分布均匀，通风透光良好，促进枝条加粗生长，促进花芽分化和调节结果量。疏枝主要用于生长势较强部位的枝条和稠密处的细弱枝。对树冠外围的枝条，应去强留弱，去直留斜，以抑制外围枝的长势，改善内膛光照条件。对树冠内膛枝组应去弱留强，抬高枝条生长角度，使保留下来的枝复壮生长，延长内膛结果枝的寿命。衰老期的李、杏树短果枝和花束状果枝比例增大，营养枝减少，生长势衰弱，修剪时要精细疏剪瘦弱的短果枝和过多的花束状果枝，以促进营养生长。疏枝时不可一次疏剪过多，要逐年分期进行。

（3）回缩。对多年生枝进行重短截称为回缩，也称缩剪。回缩能减少枝条总生长量，使养分和水分集中供应保留的枝条，促进下部枝条生长，对复壮树势较为有利。回缩多用于多年生单轴延长生长的辅养枝，目的是将其培养成结果枝组，也用于盛果期至衰老期的大冠树的中心主枝及大侧枝，目的在于控制树冠高度和树体大小，以及改善树冠内膛光照条件，降低结果部位，改变延长枝的延伸方向和角度，延长结果年限。回缩不要过急，应逐年进行，并忌造成较大伤口，以免影响愈合，削弱树势。回缩部位最好在有分枝的枝杈处。

（4）缓放。对一年生枝不剪，或仅剪去梢头组织不充实的部分，任其自然生长称为缓放，也称甩放、长放。缓放可以缓和新梢的生长势，减少长枝的数量，改变树体的枝类组成，促进短果枝，特别是花束状果枝的形成，有利于花芽的形成，是幼树和初结果树修剪采用的主要方法。幼树期间对骨干枝上的两侧枝、背下枝、角度大枝缓放修剪效果非常明显；而对于直立枝、竞争枝、背上枝进行缓放则容易形成树上树，破坏从属关系，扰乱树形，因此对这些枝一般应疏除或改变枝向，压平改造。另外，结果多年，生长势已经衰弱的缓放枝要配合缓缩进行修剪。树势较弱、结果多的树，则不宜缓放。

（5）刻伤。刻伤是在芽的上方或下方，或在着生枝部位的上侧或下侧用刀刻伤，造成深达木质部的伤口。春季在芽的上部刻伤，可以阻碍养分再向上运输，使刻伤下部的芽得到充分的营养，同时芽又因受到刻伤的刺激，有利于芽的萌发和抽枝。如果夏季在芽的下部刻伤，就会阻碍碳水化合物向下运输，使其积累在枝条的上部，起到抑制树势，促进花芽形成和枝条成熟的作用。因此，要想在树冠的某一部位补充枝条时，可在芽的上部刻伤；而要想缓和某一枝条的生长势，或使它形成结果枝时，可在芽的下部刻伤。

142. 李、杏树夏季修剪的主要方法有哪些？

（1）摘心。在新梢生长到需要长度后，把顶端幼嫩部分摘去称为摘心。摘心能暂时抑制新梢的生长，迫使营养物质转向腋芽，促使新梢木质化，提早萌发二次枝、三次枝并降低萌发部位，加速扩大树冠，有利于提早结果。对于骨干枝背上的强旺新梢重摘心，可促发中庸分枝，形成良好的中果枝。一般情况下，前期摘心可以促进枝条数量增加，后期摘心可以促进枝条发育成熟。对于壮树旺枝摘心时间要

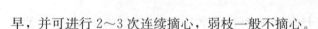

早，并可进行 2～3 次连续摘心，弱枝一般不摘心。

（2）剪梢。剪去带有叶片的新梢的一段称为剪梢。剪梢能促进分枝，再把分枝培养成结果枝。剪梢还能改善光照条件，缓和枝条的生长势。一般在 5 月至 6 月上旬剪梢，可以促使下部发出 2～3 个二次枝，形成结果枝。剪梢长度以留基部 3～5 个芽为宜。为了改善光照，充实下部枝条，幼树在新梢停止生长后剪梢。

（3）抹芽与除梢。芽萌发后立即掰除为抹芽；萌芽发育成新梢时再剪除或掰掉，称为除梢。在生长开始时除去过多的芽、梢和剪口下的竞争枝、树冠内膛的徒长枝等，可以集中养分，使留下的枝条发育充实、花芽和叶芽饱满，还可以改善树冠光照条件，减少冬剪工作量和因冬剪疏枝造成的伤口。

（4）扭梢。将新梢向下扭曲，既可扭伤木质部和皮层，又可改变枝梢生长方向。扭梢可以将徒长枝改造为结果枝，也可改善光照条件，缓和枝势，被扭的旺梢兼备结果和更新的双重作用。扭梢时期以新梢长到 30 厘米左右，还未木质化时为宜。扭梢部位以在新梢基部以上 5～10 厘米处为宜。把新梢扭向生长相反的方向，并掖在下半侧的叶腋间，防止被扭的枝梢重新翘起，生长再度变旺，达不到扭梢的目的。

（5）拉枝。拉枝可以开张角度，缓和树势，改善光照条件，防止枝干下部光秃，具体可采用"拉、撑、吊、别"等方法。拉枝一般在 5—6 月进行，这时树液早已流动，枝干变软，容易拉开定形。拉开的角度要适宜，使被拉枝的上、下都能抽生枝条，避免出现因拉枝角度过小而产生上强下弱、下部光秃的现象，同时也应避免因拉枝角度过大而出现后强前弱，背上枝旺长等现象。主枝为了开张角度，可拉至 50°～60°，竞争枝、徒长枝、直立枝为了缓和生长势，转化成结果枝组，可以拉成水平，即保持 90°。

（6）环剥。环剥是把枝条的皮层按一定宽度剥掉一圈。通过环剥，切断筛管，阻断光合产物向下运输，相对增加环剥以上部位的营养，从而促进花芽分化、提高花芽质量和结果能力。环剥一般应用于幼旺树和适龄不结果树，而对于小幼树一般不宜进行环剥。环剥的目的不同，时间也不同。如果为了提高坐果率，可于盛花期环剥；如果为了促进花芽的形成，可于 5 月中下旬至 7 月上旬环剥。环剥的宽度一般为所剥枝直径的 1/10，环剥口过宽不易愈合，容易出现死树死枝现象；过窄，环剥效果不明显。

143. 什么是自然开心形？有何整形技术？

这种树形没有中心干，仅有向外延伸的主枝，主干高 30～50 厘米，中心干上着生 3～4 个主枝，自然向外上方延伸。三大主枝开心形的树，基部由三个主枝构成，它们的层间距为 20～30 厘米，以 120°平面夹角分布配置，按 35°～45°角开张，每个主枝上留 2～3 个侧枝，在主枝两侧向外侧斜方向发展（图 26）。

苗木定植后，根据品种生长势，在距离地面 70～80 厘米处定干，保留剪口下 20～30 厘米以内部分饱满芽作为整形带。春季萌芽后，整形带以下萌发出的芽全部抹去，整形带内的萌芽尽量保存，并从中选择 3 个方位适宜、大小一致、强弱相似的萌芽枝重点培养以备未来作为主枝留用。第二年在整形带内萌发出的枝条中，选分布均匀，长势均衡，生长健壮，基部角度合适的 3～4 个枝条作为主枝，其余枝条全部剪除或拉平，以便缓和生长势，培养结果枝，促使早结果，不留中心领导枝。留下的主枝冬剪时视各主枝的生长情况，剪去 1/4 或 1/5，大冠树留长 50～60 厘米，小冠树留长 30～40 厘米。如果枝条的着生角度较小，过于直立，则剪口芽选用外芽或采取拉枝技术以加大主枝的开张角度。第三年，仍将主枝的延长枝适度剪截，并在各主枝的中部选留 2～3 个向外斜生长的分枝作侧枝，进行中度短截，剪去 1/3。在各主枝上萌发的结果枝、花束状枝应该全部保留，20 厘米以上的中长枝条，可稍重短截，促其萌发分生发育枝和结果枝。以后，树冠基本形成，主侧枝延长枝适度短截，继续扩大树冠。如果是密植李园，相邻两株树的主枝延长枝搭接或交叉后可不再短截；有竞争枝、徒长枝可采用绑枝法、拉枝法改变方向，缓放结果；树冠内的强旺枝条，无缓放空间者可疏除；其余枝条只要不重叠，不交错，一律缓放，结果后回缩培养成结果枝组。

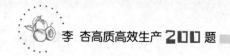

144. 什么是延迟开心形？有何整形技术？

这种树形定干高度为 70～80 厘米，有 5～6 个主枝均匀地分布在中心干上，主枝没有明显层次，最上部一个主枝呈水平状或斜生状。树体成形后，将中心干从最上一个主枝上面锯掉，呈开心状。延迟开心形的修整要点如下。

（1）安排好主枝的位置，使第一层三大主枝相互间的水平角度为 120°左右。

（2）两层主枝之间，各枝的位置要相互错开。如第一层的三大主枝中两主枝在南半侧，另一主枝在北半侧，那么第二层的主枝则应分别安排在西北、东北两个位置上，以避免相互重叠，遮挡阳光。

（3）两层主枝间相距 80～100 厘米，层内主枝上下相距 25～30 厘米。

（4）树高标准为 2～5 米，当树体达到要求高度后，则应去掉中心枝头，使之形成延迟开心形。

（5）延迟开心树形侧枝的配置与培养以及结果枝组的培养，均类似于疏散分层树形的修整培养情况，可参照修剪。

145. 什么是疏散分层形？有何整形技术？

这种树形树干宜稍矮，主干高一般为 50～60 厘米，整形初期，保留中心领导干。全树 5～7 个主枝，分 3 层着生在主干和中心领导干上。

苗木定植后，按 70～80 厘米定干，第一年选留第一层三大主枝，层内间距 20～30 厘米，三大主枝应错落而均匀地分布在中心干上。中心留一个直立枝，以后逐年培养成中心领导枝。对主枝和中心领导枝要轻度短截，一般可剪去枝长的 1/4～1/3。第二年，再在中心领导枝上留 2 个主枝作为第二层，层内间距 10～20 厘米，这层主枝与第一层主枝之间的层间距保持 50～60 厘米。第二层主枝要与第一层主枝错开方向，不要重叠，以免遮光，同时在第一层的每个主枝上选留背斜侧枝 2～3 个。第三年，在中心领导枝上再留 1～2 个主枝作为第三层，这层距第二层主枝 50～60 厘米，同时在第二层主枝上选

1~2个背斜侧枝。第三层主枝上，一般不留枝，其余枝条，短枝则保留，中枝重剪，过旺的徒长枝可早摘心促发分枝培养枝组或从基部疏除。当各个主枝已经培养成形后，可从最上一个主枝以上把中心领导枝锯除，使树冠落头开心，成形树高度大约4米。整形过程一般可在3~4年内完成。以后修剪时，应该注意保持各级枝的从属关系，使树势均衡发展。

146. 什么是细长纺锤形？有何整形技术？

这种树形有中心主干而无大主枝，适用于栽培密度较高的李园。主干高50~60厘米，树冠直径3米左右，在中心干上培养10~12个主枝，主枝与中心干夹角70°~90°，主枝近似水平，向四周伸展，主枝在中心干上没有明显层次，主枝间保持10~15厘米间距，同侧主枝间的垂直距离不少于50厘米，下层主枝长1~2米，上层主枝逐渐缩短，完整树形呈纺锤形，在各主枝上直接配置中小型结果枝组。

细长纺锤形小主枝数目较多，主枝间距较近，每年可选留2~3个主枝。如第一年选留了3个主枝，第二年至第四年每年选留2个主枝。冬季修剪时，对中心干延长枝每年按40~50厘米剪留，对主枝延长枝可以轻剪或不剪，但必须采取拉枝技术，将其角度拉开，以缓和生长势，增加短枝数量。纺锤形树形的主枝可以在生长季后期8—9月开张角度，拉枝到70°~90°，使主枝近似水平。这种做法容易使中心干优势突出，造成上部生长过旺。因此，冬季修剪时，可以去掉原来生长势强的中心干延长枝头，以平衡全树的生长势。对于难以控制的主枝上的竞争枝和徒长枝，可以全部去掉。完成整形任务后，全树高约3米。

147. 什么是两大主枝自然开心形？有何整形技术？

这种树形也称Y或V形，是宽行密植栽培最适宜的树形。这种树形主干较矮，留30~40厘米，每株留2个大主枝，向东西方向延展。2个主枝夹角为50°~60°，每个主枝延伸1.5~2.0米，主枝上直接着生各类型的结果枝组（图27）。

苗木定植后，定干高度30~40厘米，在主干上整形带内选留2

个以上错落生长、长势健壮、大小均衡的枝条作为主枝。两主枝分别左右伸向行间，两主枝夹角50°～60°。在每个主枝基部外斜侧或背后保留2～3个小侧枝，第一侧枝距主干35厘米左右，第二侧枝距第一侧枝40厘米左右，方位与第一侧枝相对，第三侧枝与第一侧枝方向相同，距第二侧枝60厘米左右。在主、侧枝上配置各种枝组和结果枝。成树树高2.5～3.0米。

148. 什么是双层疏散开心形？有何整形技术？

这种树形也称双层自然开心形，主干高50～60厘米，有中心干，第一层主枝3个，层内间距15～20厘米，第二层两个主枝，距第一层主枝60～80厘米，错落配置，以上各枝开心。每层主枝上配置2个侧枝。

苗木定植后，于60～70厘米处定干，从剪口下长出的新梢中，上部选一个健壮的直立枝作为中心干延长枝，再从下部枝条中选出3个长势较强、分布均匀的枝条作为第一层主枝，对其余的枝条进行摘心或疏除短截，控制其生长。冬季修剪时第一层主枝剪留50厘米左右，中心干延长枝剪留80厘米左右。第二年从中心干延长枝的剪口下选留2～3个枝条作为第二层主枝，并与第一层主枝相互错开不重叠。在中心干上不再培养结果枝组，只保留叶丛枝或花束状枝结果。在修剪留枝过程中要严格遵循"上小下大，两稀两密"的原则，即全树上层小下层大，每个主枝前端小后边大，全树的留枝量上层稀下层密，大枝稀小枝密。背上枝要控制，不能形成树上树，以免影响各级主侧枝的生长和光照，一般控制在5～10厘米的长度范围内。大中型的结果枝组也要采取开心形，向两侧斜生伸长，这样就不会产生上强下弱结果部位外移等现象。

149. 什么是篱壁形？有何整形技术？

这种树形呈篱壁状，树高2米左右，全株选留5～6个主枝，分布在树体左右两侧，分别引缚在3条平行的篱架铁丝线上。这种树形的优点是树体受光面大，可以节省劳力，便于修剪，方便管理，且产量较高。

150. 幼树的整形修剪技术有哪些?

　　幼树指从定植到大量结果之前这段时期的树，一般经历 3～5 年。这时期的修剪任务主要是尽快扩大树冠，增加枝量，培养合理的树体骨架，促使形成大量的结果枝，为进入盛果期获得早期丰产做好准备。幼树修剪以整形为主，当苗木定植后，距地面一定高度定干，平地果园李树一般定干高度为 60～70 厘米，

视频 2　李树的　　　视频 3　杏树的
夏季修剪　　　　　夏季修剪

山地树定干高度可适当矮一些，以 50 厘米左右较为适宜（图 28，视频 2、视频 3）。

　　定植当年的夏季修剪：萌芽期要抹除整形带以下的芽，以减少养分消耗，保证整形带内新梢的生长。

　　定植当年的冬季修剪：在中心干上选留向四周分布均匀的 3～4 个枝（第一年选不够也可下年选）作为主枝加以培养，各个主枝从主干向外的角度一般为 45°～50°。要根据枝条的生长状态进行适当短截，通常剪去枝条的 1/3。如果枝条着生的角度过小或过于下垂，可利用里芽外蹬或选留内芽的剪法来加以调整。将过密的枝条疏除，不密的枝条按辅养枝对待。

　　第二年夏季修剪：在 6 月下旬进行，主要任务是选留第一侧枝，控制竞争枝与外围旺枝，疏除徒长枝等。

　　第二年冬剪：将主枝的延长枝进行适当短截，通常剪去枝条的 1/2，为平衡主枝间的生长势可以强枝强剪，弱枝轻剪。这一时期应在主枝上选第一侧枝，侧枝同主枝都是构成树冠的骨干枝，一般从主枝基部向上 50 厘米左右处开始选留第一侧枝，第一侧枝相对方向选第二侧枝，每个主枝上培养 2～3 个侧枝。三大主枝上的第一侧枝，不分左右视空选留，但最好在各枝的相同方向上，要么都留在各主枝的左边，要么留在各主枝的右边，且以背斜侧为好，各个侧枝与主枝的开张角度要大，以便充分利用空间，占领方向，利用光能。这一时期主、侧枝上所生长的 5 厘米以下的短小枝应全部保留，以培养成短

果枝和花束状果枝，并对中、长枝进行适当短截，使其多发小枝，长成结果枝，以后每年对主枝和侧枝的延长枝，基本上采用上年的修剪方法进行修剪。选留的第三侧枝，应当和第二侧枝错开距离和方向，而与第一侧枝在同一方向上，并注意各级枝的从属关系，即中心主枝大于高于各主枝，基部三大主枝大于第二、第三层主枝，防止主枝上下重叠和交叉。这样经过3~4年树形即可形成。

第三年的夏季修剪与第二年的夏季修剪相同。

151. 盛果期树的整形修剪技术有哪些？

李、杏树定植6~7年后，进入大量结果的盛果期。盛果期树体的特点是，主枝开张树势缓和，中、长果枝比例下降，短果枝、花束状果枝比例上升。该期的主要修剪任务是提高树体营养水平，保持树势健壮，调整生长与结果的关系，延长盛果期年限。修剪的方法上应精细修剪结果枝组。修剪方法如下。

（1）冬季修剪。原则上以疏枝为主、短截为辅，疏枝、短截相结合。一年生枝短截，不仅有利于保持树势，扩大树冠，也有利于中、下部的侧枝抽生短果枝或花束状果枝，修剪程度可以稍重一些，剪去枝条的1/3。根据枝条着生位置，延长枝可留稍长些，侧枝则应适当短留。通常延长枝的上部能形成2~3个枝条，应选取一个开张角度适宜的枝继续作延长枝，下面再选留一个枝条作为侧生枝，其余枝条可由基部剪除。下垂枝、重叠枝、交叉枝等全部剪掉。没有更新价值的徒长枝，可从基部剪除。对于主、侧枝上的短果枝和花束状果枝，如数量过多，影响树势，也应适当疏剪。3~5年的花束状果枝结果能力最强，故需经常回缩更新，去弱留强，保证一定数量的健壮结果枝，以延长盛果期。

（2）夏季修剪。夏季修剪可以减少无效枝的生长，避免树体营养消耗。夏季修剪可进行3~5次。第一次在开春萌芽时进行，抹掉方向不正的芽或双芽中的弱芽；第二次在谢花后，结合疏花，疏去过密的枝条，控制竞争枝和徒长枝；第三次在硬核后，对生长旺盛的枝条进行短截，促其长出副梢，增加结果面积。在初秋或秋末，对过长的副梢进行回缩或疏剪，对长果枝进行摘心，以控制其生长，促进花芽分化。

152. 衰老期树的整形修剪技术有哪些?

盛果期后,树体开始出现局部衰落,结果部位外移,主、侧枝下部光秃,短果枝和过密的花束状果枝开始枯死,产量显著下降,这种现象的发生,表明树体已进入衰老期。这一时期的修剪任务是更新复壮骨干枝和各类结果枝组,恢复和维持树势,延缓骨干枝的衰老和死亡过程,集中养分供应,使产量回升。具体做法如下。

(1) 更新复壮骨干枝。根据树体衰弱的程度及树体结构的从属关系,在主枝、侧枝的中下部进行重剪回缩,选择角度较小,生长健旺的背上枝作主、侧枝的延长枝,或在大枝的直立向上处回缩,促进隐芽萌发,培养侧枝的枝头。

(2) 重新培养骨干枝。对树冠内部方位适宜的徒长枝加速培养,使其及早代替骨干枝占领空间,恢复和形成完整的树冠。

(3) 更新结果枝组。在更新骨干枝的同时,对各类枝组进行重回缩,选壮枝、壮芽带头,逐步培养成新的枝组。对位置合适的徒长枝,视树冠空间大小,采用先截后放或先放后缩的办法培养成各类果枝。

对衰老树的更新复壮,应事先进行投入与产出的经济效益分析,对入不敷出的老园应及时淘汰或坚决砍伐。另外,对已不符合市场需求的老品种,也应及时淘汰,改换新优品种,以提高经济效益。

153. 放任树的整形修剪技术有哪些?

目前我国李、杏老产区有相当一部分树体不整形、不修剪,任其自然生长,这类放任树没有良好的树体结构,树冠内部通风透光不好,病虫害多,新梢生长不良,内膛小枝衰弱和枯死,结果部位严重外移,产量低而不稳,大小年现象严重,为了使其达到优质、丰产的经济目标,应着手对这类放任树加以修剪改造。要改造这类树,可从整理大枝着手,即在冬季修剪时,根据树体状况,将过密的、交叉的、重叠的大枝分年、分次从基部剪掉,以利于通风透光。大枝整理完后,着手整理侧枝和大型枝组,即把已衰老的枝全部疏除,或回缩到强壮新梢处。在疏除内膛枝和外围枝组时，要先疏除枯死枝、弱枝、病虫枝和影响通风透光的外围枝，同时对树膛内发出的徒长枝和新梢加以保护利用。通过疏除、回缩大枝、侧枝和大型枝组，可刺激萌发新梢，然后把这些新梢培养成中、小结果枝组，扩大结果部位，尽快恢复产量。

154. 什么是李、杏树高接换头技术？

李、杏树是多年生果树，寿命长，把原有老品种全部挖掉，重新栽培新品种，会造成产量中断，严重影响果农收入。为了迅速更换新品种，采用高接换头技术是一条实现良种化、高效益的有效途径。它的优点是：①能充分利用原有品种的强大根系和树体骨架；②接穗长势旺，树冠恢复快，容易早产、丰产。实践证明，高接树3年树冠就可恢复原状，甚至超过原有的结果体积，2～3年结果，3～4年恢复产量。

高接换头主要采用嫁接新品种的方法，如插皮接、劈接、腹接、切接和带木质部嵌芽接等。大枝常用的是插皮接和劈接，1～2厘米粗的小枝常用腹接，小于1厘米的细枝可采用嵌芽接。大树高接的优点是操作技术简单方便，成活率高，嫁接时间因嫁接方法、地区和小气候不同而异。一般枝接在3月上旬至4月下旬进行，个别到5月初进行，芽接在整个生长季均可进行，主要以树液流动为准，即春季砧木的树液开始流动，而接穗上的芽尚未萌动时进行为宜。夏秋季也可高接换头，多用带木质部芽接，此法节省接芽且成活率高，但应注意使嫁接口尽量靠近骨干枝的基部。

155. 李、杏高接树骨干枝去留方法是什么？

高接换头前，原品种树的骨干枝必须回缩锯头，并确定每株树需要改接的枝头数量。

疏散分层树形的高接树选5～7个大主枝为骨干枝，截剪长度为原主枝长的2/3左右，每主枝上留1～2个侧枝。主侧枝间要注意主从关系，主枝比侧枝要留长些，中心干不宜留得过长，在最后一主枝上再留20厘米长即可。为了利于锯口愈合，锯口直径在6厘米以下为好。辅养枝在有生长空间的部位可收缩到内膛，对结果枝组尽量保留，锯留长度为 15 厘米左右，使结果枝组尽量靠近骨干枝，以利于更新复壮。骨干枝上光秃部位每隔 30 厘米腹接一枝，插枝补空。高接树的骨干枝么留既要考虑到整形方式，又要能使树冠早成形。嫁接的枝头数，成年大树以 30～60 个接头为宜，树冠大的多接，树冠小的少接。

纺锤树形的高接树在中心干上选留 10～12 个主枝，使主枝插空错落着生，均匀地伸向四方，各主枝锯留长度为 15～20 厘米，一般嫁接数以 10～30 个接头为宜。

在去留骨干枝时，去留的轻重程度要适宜。如果树体去得过重，树冠恢复慢，结果晚，伤口大且不易愈合；去得过轻，高接枝发育慢，内膛枝寿命短，易产生光秃现象。同一株树，也应根据部位、枝类的不同来决定去留程度的轻重。

156. 高接后的管理技术有哪些?

高接以后的树体管理是改劣换优取得成功的重要环节，只有做到及时管理，树体才会很快成形，进入结果期。只接树而不管树或者管理粗放，都不会有好的效果，甚至会失败。高接后当年应进行以下管理。

(1) 绑支棍。嫁接成活后，接穗芽萌发并且迅速生长，枝叶量增加很快，接口新形成的愈伤组织往往承受不了新枝的重量，极容易被风折断。因此必须在每个枝头上绑 1 根支棍，棍的长度 1～1.5 米，绑棍要牢固，不能松动，接口以上的长度不少于 0.8 米。新生枝在 30～40 厘米处绑缚支棍，加以固定保护。

(2) 除萌蘖。高接后的树体地上和地下部平衡受到严重破坏，高接当年不仅高接枝生长旺盛，还会从原母树上萌发出很多萌蘖枝。对萌蘖枝除在适当部位留一部分备作补接外，其余应尽早剪除，以免浪费养分，影响高接枝生长。

(3) 补接。内膛可利用萌蘖枝基部进行高芽接，补接内膛未成活枝。对未成活的接头，锯掉一段，利用高接前单独贮藏的接穗补接。

(4) 高接枝的调整。高接树在生长季节需要进行 2～3 次剪枝。第一次在接穗上萌芽长到 20～30 厘米时根据新枝的位置和生长的方向进行，选留 1～2 个生长势强的枝作为树冠的主枝培养，将其余萌发的芽剪去。当留下的枝生长到 60～70 厘米时，进行第二次剪枝，这次主要是疏除多余的二次枝，只留下 4～5 个枝，进一步培养成侧枝和辅养枝。经过以上两次剪枝，树形及枝条组成结构就基本上有了雏形。

（5）防治病虫害。嫁接后新萌发的幼芽和新梢，易受金龟子、蚜虫及毛虫的危害，要及时检查，及时打药或人工捕捉。

（6）加强地下管理。高接后的李树生长旺盛，要控制灌水次数，地下不过于干旱时，一般不需灌水和追施氮肥，防止苗木徒长，组织不充实。

157. 设施栽培李、杏修剪整形技术有哪些？

设施栽培的李、杏树体要求成形快，冠小而紧凑，从而达到早期丰产的目的，生产中需要注意以下整形修剪要点。

（1）适宜树形。棚内南边空间小，中间、北边空间较大，针对此特点，棚南边行的树常采用自然开心形和 Y 形，而中间和北边的树多采用双层疏散分层形与细长纺锤形。

（2）定干要低。因栽植密度大，树冠紧凑矮小，所以定干要低，一般定干高度为 30～50 厘米，剪口下有 3～5 个饱满芽。

（3）疏除枝梢。及时疏除徒长梢、过密枝、病虫枝、细弱下垂梢、基部及内膛萌条等，以达到减少消耗、集中养分辅养树势及促进结果的目的。

（4）开张角度。当骨干枝长至 40～50 厘米时，及时拉枝开角，骨干枝可拉至 50°～60°，辅养枝捋平。

（5）新梢管理。棚内高温多湿，应防止新梢密生徒长，在新梢长到 15 厘米左右时进行扭梢，长到 20 厘米左右时反复摘心，促发二、三次枝生长，扩大树冠。采前 4～6 周回缩过旺结果枝，果台梢前只留 1 个新梢，并适当短截部分新梢。

（6）选留枝组。由于在设施栽培条件下，通气条件差，光照较弱，因此整形时要注意主枝、侧枝相对少留，枝组以中小型为主，修剪以轻剪为主。

（7）化学处理。使用化学药剂控长促花，是设施李、杏栽培成功的关键。利用多效唑控制旺长，促进成花，使用时间约在 5 月，土施每株 5～10 克，叶喷浓度为 100～300 毫克/千克，连续喷 2～3 次。

158. 郁闭果园高光效修剪技术有哪些?

郁闭李、杏园改造修剪一般需要 2～3 年完成，切忌一次性去掉多个大枝，造成树势衰弱、病害发生加重；改造修剪需要冬、夏剪相结合，不能只重视冬剪，轻视或忽视夏剪，冬剪后注意大枝伤口保护；改造以通风透光、优质丰产、便于生产管理等为主要目的，要因树修剪，不拘泥于一种树形；修剪后 1～2 年园内须加强土肥水管理，以尽快恢复树势。

（1）疏枝。疏枝对解决郁闭、改善通透性作用显著，一般需要 2～3 年完成。第一年去掉 50%～60% 的大枝，第二年至第三年去掉剩余大枝，切忌形成对口伤。疏枝完成后，全树留 4～6 个方向合理的大枝，大枝层间距为 80～100 厘米，每个大枝上配置 2～3 个侧枝。疏枝所用的修剪锯要求锋利，伤口要求平、小、光滑。疏枝后直径大于 1.0 厘米的伤口需要涂抹保护性杀菌剂，以利于伤口早日愈合，尽快恢复树势。

（2）落头。落头能方便采摘、打药等生产管理，对提高通透性和光能利用效率作用显著。落头和疏枝同样要求剪锯锋利，伤口平、小、光滑，防止劈裂，同时对伤口及时进行保护。根据树势、树形，落头后树体高度应控制在 2.5～3.0 米，树冠大小控制在 3.5 米×3.5 米以内。

（3）抹芽。冬季修剪后，第二年春季剪锯口会萌发出 8～12 个嫩芽，落头处的萌芽应一次全部抹除，其他大枝的萌芽长到 10 厘米左右时，根据空间大小合理选留 1～3 个，将多余的全部抹掉，抹芽通常需要 2～3 次才能彻底完成。抹芽宜早不宜迟，必须在枝条木质化前完成，不但能节约大量养分，而且省工省时。对选留的枝条，当年可培养形成结果枝。

（4）摘心。摘心为夏剪技术，是配合抹芽的一项辅助技术。抹芽后选留的嫩枝长到 30～40 厘米时进行第一次摘心，摘心后萌发的侧枝，根据空间大小，合理选留 4～5 枝，选留的侧枝长到 20 厘米时进行第二次摘心。通过连续 2～3 次摘心，可将当年萌发的枝条培养成大小不同的结果枝组。

159. 李、杏树体修剪伤口的保护措施有哪些?

冬季是果树修剪的黄金时期,90%以上的修剪都来自冬季修剪,特别是近年来随着密闭果园改形技术的大面积推广,果农在修剪中取枝量较多,虽然改变了果园通风透光条件,但往往由于对剪锯口保护不到位,从而引起病菌感染、削弱树势、降低产量、缩短果树寿命等问题,不但给广大果农造成了巨大的经济损失,同时又对果园整形技术的推广造成了巨大的负面影响,因此,必须采取以下措施加以护理。

(1) 尽量避开绝对低温期修剪。所谓的绝对低温期指的是三九、四九严寒天气,这时期修剪会导致剪口冻伤,翌年影响养分输送,果树容易感染腐烂病和缺素症。

(2) 注意全树较大剪锯口的数量和位置。尤其是树干上不要存在过多较大的伤口,否则会对树势造成影响。

(3) 去大枝时尽量不要留桩。留桩过长容易从锯口部位向内腐烂,直至蔓延到主干部位。有人认为,留桩长一些,腐烂一段去掉一段,有利于保护主干,这种想法是错误的,不留桩就不容易腐烂。

(4) 修平剪锯口。剪锯口要平滑,不能留有毛边,特别是锯口要用快刀修平,以利于愈合。

(5) 在使用剪刀疏枝时,小刃在下时,压伤在留下的枝段上,容易感染腐烂病,小刃在上时,压伤在去掉的枝段上,留下的枝段剪口是平滑的。

(6) 对有腐烂病、病毒性花叶病等果树,在修剪时要分别使用不同的剪锯。在病树上使用过的剪锯,再在健康树上使用,会造成病害交叉感染。

(7) 涂抹愈合剂。所有剪锯口都要涂抹愈合剂,边修剪边涂抹封闭伤口,这样既可以防止水分蒸发,又可以避免腐烂病侵染,促进愈合。

(8) 黏土保护。用细筛筛过的黏土加水调和成软糖状封闭剪锯口,然后再用塑料薄膜包好,可防止锯口蛴虫侵入、减少锯口水分散失,利于愈合。

160. 李、杏树修剪枝条如何处理？

果树修剪枝条的量大且经济价值特别低，常规的处理方式主要分为两种，一种是将果树枝条作为薪柴来使用，这种处理方式较为常见，虽能够保证果树枝条得到利用，但枝条内部的有机物质，包括营养元素燃烧之后，会彻底消失，且果树枝条在燃烧的过程中，会产生大量的芳烃化合物，这类化合物具有致癌性，对人们的生命健康危害特别大。另一种常规处理方式是堆放，果树枝条堆放的时间比较长，很容易诱发病虫害，且枝条干燥之后，又极容易发生火灾。建议采用以下新型处理方式。

（1）枝条堆肥。主要指在各类真菌、细菌等一系列微生物的综合作用之下，通过人工控制发酵的方式，使果树枝条中的可降解有机物质转化为矿物质，最终形成腐熟产品的过程。堆肥属于堆肥化过程的主要产物，其营养物质含量较高，属于有机肥料的一种。堆肥肥效较长，肥料的性能稳定，能够保证果树土壤性质得到更好的改善。

（2）食用菌栽培方式。可以结合果树枝条自身生长发育过程中产生的酶类，对木质纤维素进行科学降解，降解之后，产生的大量养分能够被自身吸收并利用的特点。近年来，果树修剪枝条当作培养基质，栽培大量的食用菌，已经被广泛应用，也是现阶段科研人员研究的重点内容。

（3）新型燃料方式。热解气化技术，属于一种新型废弃物处理方式，该技术是在高温、高压、密封条件下，将废弃物质彻底转变为合成气与可以回收的固体残留物的方法。由于果树修剪枝条具备木质化的特点，含碳量也比较高，灰分含量比较少，将其放入到热解气化装置当中气化之后，能够减少生态环境污染。与果树枝条直接燃烧方法相比较来说，枝条的利用效果更好，产生的有害气体更少。现阶段，越来越多的果树种植户应用热解气化技术处理果树修剪枝条。

（4）生物化工产品。以果树修剪枝条为原材料，运用微生物进行降解，在微生物降解作用之下，提取相应的生物化工产品，这种方式也属于果树修剪枝条常用的处理方式。

八、病虫害防治

161. 果树病虫害防治的原则是什么？为什么？

果树病虫害防治，要遵循"预防为主，防治结合"的原则。在冬春季节进行清园，一般使用石硫合剂；在幼虫孵化盛期开始用药，用药不宜过迟。

坚持"预防为主，防治结合"的原则，可以尽量避免病虫危害或者将其消灭于产生过程之中，做到防患于未然；而对于不可避免的危害，则通过各种净化治理措施，达到合理的要求。通过有效的管理和技术手段，可以减少和防止病虫害的出现，使病虫害的发生概率降到最低，还可以减少不必要的治疗成本。

162. 为什么说预防为主、采取综合防治方法才能取得较好的防治效果？

合理的预防能稳定、持久、经济、有效地控制害虫的发生以及避免或减少对生态环境的不良影响。综合防治是把多种可行的和必要的技术措施合理地协调运用，有效地控制病虫草鼠害，保护作物，增产增收，并尽可能地保护环境，减少污染及其他副作用。两者合理结合才能取得良好的防治效果。

163. 怎样正确使用农药，才能取得较好的防治效果？

（1）准确认识病虫害种类，对症用药。

（2）适时打药。掌握病虫害的不同发育阶段和发展规律，适时喷药。

（3）选择合适的用药量和用药技术。用药时必须按照经济、安全、有效的要求，使用最低的有效浓度。

（4）采取正确的用药方法。对于不同的病虫害，选择药剂不同，药剂的使用方法也不同。

（5）合理混用，提高药效。农药的合理混用，可以减少用药次数，兼治多种病虫害，克服或延缓抗药性的产生，省工省时。

（6）注意安全用药。每次喷药后将药械洗刷干净，防止更换药种类时对果实产生药害。

果树上使用的农药，应选择低毒、低残留或者无残留的农药，在果实成熟前一个月应禁止使用农药喷施果树。

164. 哪些农药已禁止使用？

六六六、滴滴涕、毒杀芬、二溴氯丙烷、杀虫脒、二溴乙烷、除草醚、艾氏剂、狄氏剂、汞制剂、砷类、铅类、敌枯双、氟乙酰胺、甘氟、毒鼠强、氟乙酸钠、毒鼠硅、甲胺磷、甲基对硫磷、对硫磷、久效磷、磷胺、苯线磷、地虫硫磷、甲基硫环磷、磷化钙、磷化镁、磷化锌、硫线磷、蝇毒磷、治螟磷、特丁硫磷、氯磺隆、胺苯磺隆、甲磺隆、福美胂、福美甲胂、三氯杀螨醇、林丹、硫丹、溴甲烷、氟虫胺、杀扑磷、百草枯、2，4-滴丁酯。

165. 除上述禁用农药，还有哪些农药禁止在李、杏上使用？

甲拌磷、甲基异柳磷、特丁硫磷、甲基硫环磷、治螟磷、内吸磷、克百威、涕灭威、灭线磷、硫环磷、蝇毒磷、地虫硫磷、氯唑磷、苯线磷。

166. 病虫害物理防治有什么优点？

物理防治是指利用简单工具和各种物理因素，如光、热、电、温度、湿度、放射能、声波等防治病虫害的措施，包括最原始、最简单的徒手捕杀或清除，以及近代物理最新成就的运用，可算作古老而又新颖的一类防治手段。

优点是节省成本，环保无污染，对特定植物或土壤防治效果好且无后期影响。

167. 化学防治中怎样做既可以提高防治效果，又可以生产无公害果品？

科学使用农药是提高防治病虫害效果的关键。只有了解农药的性能、特点，才能做到农药使用正确、适时、适量。农药防治是目前生产无公害果品可行的应急措施，因此，根据农药特性和病虫危害特点选择相应的药剂非常重要。

（1）适时用药是提高防治病虫害效果的关键。防治病虫害要在病虫侵染期用药，后期可根据天气情况适时喷药保持其防治效果，如发现症状再防治，只能控制不蔓延，已错失根治的用药期。

（2）交替使用农药，延缓病虫耐药力的产生是提高防治病虫害效果的重要原则。为减少病虫耐药性的产生，每种农药不能连续使用，要与其他类型农药交替使用，同类型的农药交替使用无效。

（3）正确地混合使用农药是提高防治病虫害效果的优异技术。杀菌剂与杀虫剂混合使用既能杀菌又能灭虫，减少喷药次数和用药成本，治虫、防病效果不减。杀成虫效果好与杀卵效果好的农药混合使用，可以起到药效互补的作用。

168. 什么是生物农药？

生物农药是指利用生物活体或其代谢产物针对农业有害生物进行杀灭或抑制的制剂，又称天然农药，系非化学合成，来自天然的化学物质或生命体，具有杀菌农药和杀虫农药的作用。

生物农药包含虫生病原性线虫、细菌和病毒等微生物，以及植物衍生物和昆虫信息素等。生物农药一般是天然合成物或遗传基因修饰剂，主要包括生物化学农药和微生物农药两个部分，农用抗生素制剂不包括在内。按照其成分和来源可分为微生物活体农药、微生物代谢产物农药、植物源农药、动物源农药四个部分。按照防治对象一般分为杀虫剂、杀菌剂、除草剂、杀螨剂、杀鼠剂、植物生长调节剂等。就其利用对象而言，生物农药一般分为直接利用生物活体和利用源于生物的生理活性物质两大类，前者包括细菌、真菌、线虫、病毒及拮抗微生物等，后者包括植物生长调节剂、性信息素、摄食抑制剂、保幼激素和源于植物的生理活性物质等。

169. 使用生物农药有什么好处？

生物农药与传统农药相比选择性强，它们只对目的病虫和与其紧密相关的少数有机体起作用，对人类、鸟类、其他昆虫和哺乳动物无害，低残留、高效，少量的生物农药即可发挥高效作用，且通常能迅速分解，不易产生抗药性，能极大地减少传统农药的使用，且不影响作物的产量。

对人畜比较安全，绝大多数生物农药为低毒或微毒，不易对使用者产生毒害。

对生态环境影响小。生物农药控制有害生物的作用，主要是利用某些特殊微生物或微生物的代谢产物所具有的杀虫、防病、促生功能，其中有效成分完全来源于自然生态系统，其特点是易被阳光、植物或各种土壤微生物分解，是一种源于自然归于自然的物质循环方式。

诱发害虫患病。一些生物农药可以在害虫群体中水平或经卵垂直传播，具有定殖、扩散和发展流行的能力，不但可以对当年当代的有害生物发挥作用，而且对后代种群也能起到一定的抑制作用，具有明显的后效作用。

170. 常用的生物农药有哪些？

（1）病毒类。如蟑螂病毒、斜纹夜蛾核型多角体病毒、甜菜夜蛾核型多角体病毒、菜青虫颗粒体病毒、苜蓿银纹夜蛾核型多角体病毒、棉铃虫核型多角体病毒、茶尺蠖核型多角体病毒、松毛虫质型多角体病毒、油尺蠖核型多角体病毒。

（2）细菌类。如球形芽孢杆菌、苏云金杆菌、地衣芽孢杆菌、枯草芽孢杆菌、蜡质芽孢杆菌。

（3）真菌类。如白僵菌、绿僵菌、淡紫拟青霉、蜡蚧轮枝菌、木霉菌。

（4）微生物代谢物。如阿维菌素、伊维菌素、氨基寡糖素、菇类蛋白多糖、多抗霉素、井冈霉素、嘧啶核苷类抗菌素、宁南霉素、浏阳霉素、C 型肉毒素。

（5）植物提取物。如苦参碱、藜芦碱、蛇床子素、小檗碱、烟碱、印楝素。

（6）昆虫代谢物。如昆虫信息素、诱虫烯、诱蝇酮。

（7）复方制剂。如苏云金杆菌和昆虫病毒、蟑螂病毒和昆虫信息素、井冈霉素和蜡质芽孢杆菌。

171. 使用生物农药时有哪些注意事项？

（1）掌握温度，及时喷施，提高防治效果。生物农药的活性成分主要由蛋白质晶体和有生命的组织组成，对温度要求较高。要掌握最佳温度，确保喷施生物农药的防治效果。

（2）掌握湿度，选时喷施，保证防治质量。生物农药对湿度的变化极为敏感，环境湿度越大，药效越明显，尤其是粉状生物药剂，湿度大的情况下药剂能很好地黏附在茎叶上，使芽孢快速繁殖，起到好的防治效果。

（3）避免强光，增强芽孢活力，充分发挥药效。紫外线的辐射对伴孢晶体会产生变形降效作用。避免强的太阳光，可以增强芽孢活力，发挥芽孢治虫效果。

（4）避免暴雨冲刷，适时用药，确保杀灭害虫。严禁暴雨期间用药，确保其杀虫效果。

172. 李、杏树有哪些常见病害？

杏疔病、根腐病、褐腐病、流胶病、红点病、细菌性穿孔病等。

173. 李、杏树有哪些常见虫害？

朝鲜球坚蚧、蚜虫、红蜘蛛、杏仁蜂、象鼻虫、金龟子、舟形毛虫、天幕毛虫、红颈天牛、李实蜂、李小食心虫等。

174. 如何解决李、杏树早期落叶问题？

（1）清园。落叶后将园内的枯枝、病枝、落叶、病果、僵果、死树等烧毁或深埋。清园后，果树喷石硫合剂 1~2 次，消毒灭菌。

（2）科学修剪。李、杏树枝条直立性强，幼树以短截为主，以促进分枝、扩大树冠，培养好主侧枝，多留辅养枝，促进提早结果；初果期继续扩大树冠，疏除背上直立竞争枝、交叉枝、过密枝、重叠枝，改善通风透光条件。

（3）加强肥水管理。果实采收后施基肥和土壤调理剂，以便改良土壤、提高土壤肥力和透气性、提高有机质的利用率；盛果期每棵树施有机肥 50~80 千克。土壤水分不足时，适当灌水，防止干旱。

（4）加强病虫害防治。发芽前喷 5 波美度石硫合剂，防治褐斑病、细菌性穿孔病、炭疽病等，兼治球坚蚧；展叶后喷硫酸锌石灰液（硫酸锌∶石灰∶水＝1∶4∶240）或 65％代森锰锌 500 倍液，防治细菌性穿孔病。在 7—8 月将 5％高效氯氰菊酯可湿性粉剂拌细土均匀撒施在成龄树树盘下，可杀死球坚蚧卵。

（5）叶面喷肥。从 6 月开始，每隔 10~15 天喷 1 次尿素 250~300 倍液。在叶片出现不良症状初期，喷氨基酸复合微肥，10 天喷一次，连喷 3~4 次。

（6）行间生草。在果园内行间种植绿肥草，能提高土壤的保水能力，降低土温，增加近地面空气相对湿度，预防日灼落叶，改善园内小气候。

175. 如何识别和防治杏疔病？

杏疔病又称杏黄病、红肿病，主要危害新梢、叶片，也可危害花和果实。病原菌为真菌，其以子囊壳在病叶内越冬，春季从子囊壳中弹射出子囊孢子随气流传播到幼芽上，条件适宜时萌发侵入，随新叶生长在组织中蔓延。子囊孢子在一年中只侵染一次，无再侵染。5 月间出现症状，10 月间叶变黑，并在叶背产生子囊越冬。

识别：叶片先从叶柄开始变黄，沿叶脉向叶片扩展，最后全叶变黄，叶肉增厚，比正常叶厚 4~5 倍，呈硬革质状，病叶正反两面布满褐色小粒点。6—7 月病叶变成红褐色，向下卷曲，遇雨或空气潮湿时，从分生孢子器中涌出桃红色黏液，内含大量分生孢子，干燥后常黏附在叶片上。此时叶柄基部肿胀，短而粗，两个小托叶上也生有小粒点，可涌出红色黏液。后期病叶逐渐干枯，变成黑色，质脆易碎，叶背散生小黑点。冬季，病叶成簇残留在枝上，不易脱落。

防治：杏树发芽前喷3～5波美度石硫合剂1次，以消灭树上的病原菌。从杏树展叶期开始，每10～14天可喷1次70%甲基硫菌灵可湿性粉剂700倍液、50%多菌灵可湿性粉剂600倍液、70%代森锰锌可湿性粉剂700倍液、多量式波尔多液200倍液、30%碱式硫酸铜悬浮剂400～500倍液、14%络氨铜水剂300倍液。

176. 如何识别和防治李、杏流胶病？

流胶病病原菌为真菌，以菌丝体传播危害。病原菌主要在活树上的病枝或埋在土壤10厘米处的病残体、遗留在土壤表面的病残体上越冬，越冬后带菌率极高。菌丝体适宜生长温度为25～30℃。流胶病4—10月均可发病，但以6月发病率最高。雨季，特别是长期干旱后偶降暴雨，流胶病发生严重。病原菌借风雨传播可从伤口、皮孔及侧芽等处侵入。发病与枝干生长方位有关，直立枝干基部较上部受害严重，侧生枝向地表的一面重于向上部位（图29、图30，视频4）。

视频4　天牛与流胶病的识别与防治

识别：发病初期，病部稍肿，早春树液开始流动时，从患病处流出半透明乳白色的黏滞状树脂，雨后更为严重。树胶与空气接触后，树脂凝结变为红褐色，呈胶冻状，干燥后成为很坚硬的琥珀状胶块。病部皮层和木质部褐腐，树势日渐衰弱，叶片变黄而细小，严重时，树干枯死。有时果实也可发病，由核内分泌黄色胶质，渗出果面，病部较硬，严重时破裂，不能生长发育，无食用价值。

防治：①增强树势，提高树体抗病力；②改良土壤；③合理修剪；④主干刷白；⑤清理果园；⑥春季树液流动、病部开始流胶时为防治适期，用刀将病部干胶和老翘皮刮除，划几刀，涂杀菌剂，可用5波美度石硫合剂、70%甲基硫菌灵，间隔7～10天再涂抹1次。

177. 如何识别和防治李、杏疮痂病？

疮痂病主要是由真菌引发的植物病害，危害嫩叶、嫩枝、幼果。

识别：受害叶片初期出现水渍状圆形小斑点，后变成蜡黄色。病斑随叶片的生长而扩大，并逐渐木栓化，向叶片一面隆起呈圆锥状疮痂，另一面则向内凹陷，病斑多的叶片扭曲畸形，严重的引起落叶。幼果受害初期产生褐色斑点，逐渐扩大并转为黄褐色、圆锥形、木栓化的瘤状突起，形成许多散生或群生的瘤突，引起果实发育不良、畸形，造成早期落果，后期果实品质变劣（图31、图32）。

防治：①注意苗木的选择；②在肥料选择上以钾肥为主，使树木多抽新梢，并且加速生长；③加强果树的修剪和果园的清理；④在春季和初夏，雨水多和气温不高的天气，早上喷药剂保护嫩叶幼果，用防炭疽病和溃疡的药均可，第一次喷药在春芽长 2 毫米时，第二次在谢花期，晚秋梢期喷药视天气而定，受侵染前可喷 75% 百菌清可湿性粉剂 500 倍液预防。

178. 如何识别和防治李、杏炭疽病？

炭疽病是由真菌侵染所致，病原菌在病果上越冬，翌春产生分生孢子，借风、雨、昆虫传播，多雨气候利于发病。炭疽病主要危害果实，也可引起叶片、枝梢枯死。带病果实常在贮运期腐烂，是一种严重的采后病害（图33、图34）。

识别：叶片病斑多从叶尖开始，初呈水渍状暗绿色，后逐渐变为淡黄色或黄褐色，随后由小斑迅速扩散为不规则的大斑，边缘不明显，上面产生大量的朱红色带黏性的小液点，病叶易脱落。叶尖或叶缘出现半圆形或近圆形黄褐色病斑，以后扩大成不规则形，病健组织分界明显。天气干旱时，干枯病部呈灰白色，表面密布同心轮纹排列的小黑点。

枝梢感病，病梢由上而下枯死，多发生在寒春后的枝梢上，初期病部为褐色，后呈灰白色，其上散生许多小黑点，病健组织分界明显，多从叶柄基部腋芽处或受伤皮层开始发病。病斑初为淡褐色，椭圆形，后变长梭形，当病斑环绕枝梢时，病梢由上而下枯死。

防治：①加强栽培管理，增施有机肥和磷钾肥，避免偏施氮肥；②改善通风透光条件，及时排灌，防旱保湿，增强树势；③彻底清除菌源，及时修剪衰弱枝、病叶、病果梗，清除落叶、落果；

④发芽前全园喷洒铲除剂，清园后喷 1 次 1～2 波美度的石硫合剂或 40%硫黄·多菌灵悬浮剂 500 倍液。落花后用福·福锌、苯菌灵、多菌灵、百菌清、甲基硫菌灵等喷 1 次，以后每隔半个月喷 1 次，连续喷洒 3～4 次。早期果园可以喷施 70%甲基硫菌灵可湿性粉剂 800 倍液＋25%戊唑醇可湿性粉剂 2 000 倍液。7 月初喷 80%福·福锌可湿性粉剂 700 倍液＋25%咪鲜胺乳油 1 500 倍液＋2.5%氟氯氰菊酯乳油 2 500 倍液＋10%吡虫啉可湿性粉剂 3 000 倍液。8 月上旬喷 25%溴菌腈可湿性粉剂 1 200 倍液＋10%苯醚甲环唑可湿性粉剂 4 000 倍液＋3.2%甲维盐·高氯乳油 1 000 倍液。

179. 如何识别和防治李、杏细菌性穿孔病？

细菌性穿孔病的病原菌为细菌，病原菌在被害枝条组织内越冬，翌春病原菌从病组织中溢出，借风雨或昆虫传播，从叶片的气孔、枝条的芽痕侵入。细菌性穿孔病主要危害叶片。细菌性穿孔病的发生与气候、树势、管理水平及品种都有一定的关系。温度适宜，雨水频繁或多雾、重雾季节利于病原菌繁殖和侵染，发病重。树势强发病轻且晚，树势弱的发病早且重（视频 5）。

视频 5　细菌性穿孔病的识别与防治

识别：受细菌性穿孔病危害的叶片，初期为半透明水渍状淡褐色小点，后变成紫褐色至黑褐色，病斑圆形或不规则形，直径约 2 毫米。病斑周围有水渍状淡黄绿色晕圈，边缘有裂纹，最后脱落或穿孔，孔缘不整齐。空气潮湿时，病斑背面有黄色菌源，严重时叶片早脱落。枝条被害后出现的病斑，分为春季溃疡斑和夏季溃疡斑。果实被害后，病斑初为水渍状褐色小斑点，逐渐扩大后呈暗紫色，圆形，中央稍凹陷，边缘呈水渍状。潮湿时，病斑上溢出黄白色黏质物，干燥时病斑上或其周围可产生大小裂纹，裂纹处易受其他腐生菌侵染，造成果实腐烂（图 35、图 36）。

防治：①加强果园管理，注意果园的排水、通风和透光，增施有机肥，避免偏施氮肥，增强树势，提高树体抗病能力；②冬剪时及时剪除病枝并集中烧毁；③在果树发芽前喷 5 波美度石硫合剂，展叶后喷 0.3 波美度石硫合剂或 35%代森锌可湿性粉剂 400～500 倍液。

180. 如何识别和防治李、杏褐腐病？

褐腐病是由真菌侵染所致，病原菌主要以菌丝体的形式在病僵果中越冬，翌年春季形成大量的分生孢子，借风雨或昆虫进行传播，通过果实伤口或自然孔口侵入，引起发病。在适宜的气候条件下，病部表面出现大量分生孢子，进行再侵染。花期低温多雨时，更有利于分生孢子的大量形成和侵入，易引起花腐和叶腐。果实临近成熟期时，如温暖多雨且果实伤口较多，易造成大量果实腐烂。

识别：近成熟果受害，初形成暗褐色、稍凹陷的圆形斑，后迅速扩大，变软腐烂，上面生有黄褐色绒状颗粒，轮生或不规则，被害果早期脱落，腐烂，少数挂在树上形成僵果。成熟果实、花及叶片也会受害，果实染病，生出灰色绒状颗粒，有时引起花腐。叶片染病，形成大型的暗绿色水渍状病斑，多雨时导致叶腐（图37、图38）。

防治：①农业防治，通过平衡施肥、及时修剪、合理负载，保持树体生长健壮，提高抗病能力；②减少病源；③结合修剪，彻底清除树上的僵果，春季清扫地面落叶、落果，进行集中烧毁；④开花前和落花后10天各喷70%甲基硫菌灵1次，防治花腐和幼果感染，果实成熟前1个月左右喷0.3%石硫合剂或65%代森锌可湿性粉剂500倍液1次。

181. 如何识别和防治李、杏根腐病？

根腐病是由真菌侵染所引起的病害，病原菌通过雨水及土壤传播，先从须根侵入，并传染到与之相连或相近的主根上，进而地上部出现相应的病变。侧根和部分主根腐烂时，韧皮部变褐，木质部坏死或腐烂。

识别：根腐病在枝叶上有3种表现类型：一是叶片焦边型，发病较慢，病株叶片尖端或边缘焦枯，而中部保持正常，病叶不会很快脱落，病树树势衰弱，生长缓慢，发病严重时，叶片逐渐变黄脱落；二是嫩叶萎蔫型，病株萌芽后，初期生长正常，但5月中旬后新梢长5～15厘米时，部分新梢叶片开始卷曲，生长变缓、停长直至萎蔫，进而新梢弯曲下垂，一般7天内落叶，新梢凋零干枯；三是枝枯猝死型，多发生在高温多雨的夏季，发病速度极快，发病前不易察觉，雨后突然天气放晴时全株枯死，但一般发病株数较少(图 39)。

防治：①不在易涝洼地建园；②合理规划果园，挖好排水沟，防止雨后积水；③增施有机肥，少施化肥，增强树势，提高树体的抗病能力；④苗木栽植前，用 3 波美度石硫合剂，或硫酸铜 100 倍液，或五氯酚钠 150 倍液喷雾进行消毒杀菌；⑤对于病树进行药剂灌根，常用药剂为 2～3 波美度石硫合剂；⑥剪除病树已萎蔫的新梢，减少树体水分蒸腾损失；⑦对已死树，连同根系刨除，并将病根清理干净，然后用 2～3 波美度石硫合剂灌溉，进行土壤消毒。

182. 如何识别和防治李、杏红点病？

红点病的病原菌属于真菌，以子囊壳在病落叶上越冬，翌年李、杏树开花末期，子囊孢子借风、雨传播。此病由展叶盛期到 9 月均有发生，尤其在雨季发生严重。

识别：发病初期，叶面上产生橙黄色、稍微隆起的圆形小斑点，边缘与健部界限明显，伴随着病斑的扩大，颜色也逐渐加深，病部的叶肉也会变厚，其上密生的暗红色小粒点是病原菌的分生孢子器。发病后期叶片正面凹陷，背面凸起，上面产生的许多黑色小粒点为病原菌的子囊壳，里面含有大量的子囊孢子。病害加深时，几乎所有的叶片上都有病斑，叶片变红黄色，呈卷曲状，叶片卷曲或早期脱落，影响其正常发育。

果实被侵染时，也会在果面产生橙黄色圆形病斑，病处先期隆起水肿，边缘不清晰，后期皱缩，上面散生着黑褐色小点，果实呈现畸形，生长不良而且容易脱落，没有食用价值。

防治：①在秋末落叶盛期，收集落地病叶烧毁或沤粪造肥，消灭越冬病原菌；②病害发生期，结合疏枝修剪，剪除发病较重的枝叶，控制病原菌传播蔓延；③在有条件实行药剂防治的重病区，可于每年发病前期，向叶背面喷 1～3 次波尔多液进行预防。在树萌芽之前采用 5 波美度石硫合剂对其进行防治，在树展叶之后，采用较低浓度的石硫合剂进行防治。

183. 如何识别和防治李袋果病?

李袋果病病原菌为真菌。病原菌以子囊孢子或芽孢子在芽鳞缝内或树皮上越冬,翌春芽萌发时,芽孢子生芽管,穿透表皮或自气孔侵入嫩叶。该病 4—5 月时发生严重,借风力传播,一年只侵染一次,随着气温的升高,发生逐渐减缓,气温超过 30℃即不发病。

识别:该病主要危害果实,在落花后即显症,初呈圆形或袋状,后渐变狭长略弯曲,病果果面光滑,呈浅黄色至红色,且一般为无核,皱缩后变成灰色、暗褐色或黑色而脱落。枝梢染病,呈灰色略膨胀,组织松软。叶片感病时,在展叶期开始时出现症状,叶面皱缩不平,呈黄色或红色。5—6 月病果、病枝、病叶表面着生白色粉状物。病枝秋后干枯死亡,翌年在枯枝下方生长的新梢容易发生病害(图 40)。

防治:①加强果园综合管理,增施有机肥和磷、钾肥以提高树体抗病能力;②秋末或早春及时剪除病枝,清除病残体,或在病叶还未形成白色粉状物之前及时将其摘除,减少病源;③早春李芽膨大而未展叶时,喷施 4~5 波美度石硫合剂;④花芽萌动前,枝干均匀喷施等量式波尔多液 100 倍液清除树体上和越冬菌源;⑤花谢后喷施70%甲基硫菌灵可湿性粉剂 700 倍液、50%多菌灵可湿性粉剂或70%代森锰锌可湿性粉剂 500~600 倍液等,10~15 天喷 1 次,连喷2~3 次。

184. 如何识别和防治李银叶病?

李银叶病病原菌为真菌,主要危害结果树,也能侵染幼树、苗木及病树根蘖苗,主要表现在叶片和枝上。

银叶病的发病轻重与品种、立地条件、气候、树龄、伤口、施肥等因素关系密切。碱性土、黏性土、低洼积水地发病较重,排水通畅山岗、坡地发病较轻。上年阴湿多雨,翌年病症重。中幼龄强壮树发病率低,盛产衰弱树发病率高。剪锯口、断裂伤重植株、偏施氮肥或过量的碱性肥果园病株多。

识别:枝上症状表现在木质部,病原菌在病树木质部中向上可蔓延到一至二年生枝条上,最初出现于某一些枝上,最后扩展到其他枝条上，使病部木质部变为褐色，较干燥，有腥味，但组织不腐烂，向下可蔓延到根部，病根多腐朽。在阴雨连绵的气候条件下，腐朽木上长出紫褐色木耳状物，数层重叠如瓦状，干燥时变为灰黄色，背面有细线状横纹。

叶片在光线的反射作用下，如同蒙上一层银灰色薄膜，带有光泽，叶片小而脆，用手轻捻，叶肉与表皮容易分离，表皮破裂卷缩。露出叶肉时如果对着太阳光看叶片，似有灰色半透明感觉，后期病叶边缘焦枯，沿主脉出现锈斑，易早期脱落（图41）。

防治：①采用"预防为主，综合防治"的措施，彻底刨除病死株，锯掉初发病枝，直到看不到坏木质部；②及时清除附近树体上的病体；③对冬剪时留下的伤口、伤枝进行处理，用5波美度石硫合剂或波尔多液进行消毒保护；④避免从病树上剪取接穗，繁育无病苗木；⑤尽量避免过重修剪；⑥注重清沟排水，控制结果数量，增施有机肥，增强树体抗病能力；⑦在展叶后注射灰黄霉素100倍液，每7天1次，连续注射3次，之后加强肥水管理；⑧也可在展叶前用树干埋施8-羟基喹啉硫酸盐的方法进行治疗；⑨5—7月在患银叶病的树干基部，向上每隔15～20厘米打5～6个孔，深度穿过髓部，选红皮大蒜去皮捣成泥，塞入孔内用泥土封口，再用塑料条把孔口包紧，效果较好。

185. 如何识别和防治山楂红蜘蛛？

山楂红蜘蛛是蜱螨目叶螨科的一种节肢动物，其主要吸食叶片及幼嫩芽的汁液。叶片严重受害后，先是出现很多失绿小斑点，随后扩大成片，严重时全叶变焦黄而脱落，严重抑制果树生长，甚至造成二次开花，影响当年花芽的形成和翌年的产量。

识别：其卵为圆球形，春季呈橙黄色，夏季呈黄白色。初孵幼螨体圆形、黄白色，取食后为淡绿色。雌成虫体长0.5毫米，体背前方稍隆起，身体背面共有刚毛26根。雌虫分冬、夏型，冬型体色鲜红，略有光泽；夏型初蜕皮时体红色，取食后变为暗红色。雄成虫体长0.4毫米，身体末端尖削，初蜕皮时为浅黄绿色，后变为绿色及橙黄色，体背侧有黑绿色斑纹2条。

发生规律：山楂红蜘蛛生性不活泼，常群居在叶片背面为害，全年为害时期比较长，4—7月均可为害，7月以后开始出现越冬虫态。

防治：①树木休眠期刮除老皮，重点刮除主枝分杈以上老皮，主干可不刮皮以保护主干上越冬的天敌；②山楂红蜘蛛主要在树干基部土缝里越冬，可在树干基部培土拍实，防止越冬虫螨出蛰上树；③冬季彻底清除杂草和枯枝落叶；④绑草把诱杀，幼树在主干上绑，老树在三大枝或侧枝上绑；⑤剪除萌蘖及树冠内膛徒长枝，秋季在落叶后，及时清除树下枯枝落叶及杂草；⑥加强水肥管理，及时灌溉，增加田间相对湿度，造成不利于叶螨发生的生态环境；⑦树体发芽前喷3～5波美度石硫合剂；⑧在越冬雌虫出蛰期或者第一代卵孵化盛期喷施10%氯氰菊酯乳油2 000倍液。

186. 如何识别和防治杏象鼻虫？

杏象鼻虫又叫杏象甲、杏象虫、杏虎、杏果象虫，属鞘翅目象甲科，主要为害仁用杏幼果，造成大量落果而减产。为害严重的园区，可减产25%～30%。

识别：杏象鼻虫的卵呈椭圆形，乳白色，长约0.8毫米。幼虫白色，无足，常向腹面弯曲，紧贴于腹面，长约6毫米。成虫体长7～8毫米，紫红色，有金属光泽，口器呈细长管状，长3.5～4毫米。

发生规律：杏象鼻虫1年发生1代，成虫在表土下5～10厘米的蛹室内越冬，杏树进入盛花期时越冬成虫出土活动，将头管伸入花内取食子房和花蕊，有时也取食嫩叶、幼芽。5月上旬，杏象鼻虫在杏幼果果皮下产卵，初孵幼虫由卵室向内取食杏肉（中果皮），并钻蛀孔道。孔道弯曲不规则，大多趋向于向阳面的果肉部位。随着幼虫不断长大，开始向果柄部位蛀食，至老熟幼虫时，将果柄下面的果肉及组织蛀空，导致大量幼果脱落，严重影响杏产量。老熟幼虫随幼果脱落于地面后会咬破果皮钻出，就近入土后做成一个土室潜伏其中。8月上中旬化蛹，9月大部分羽化成虫，继续潜伏于土室中越冬。

防治：①捡拾落果，集中烧毁或者深埋，以消灭害虫；②4月下旬成虫出土活动期，用20%氰戊菊酯乳油2 000～3 000倍液喷洒树冠下的地面和树冠以杀成虫；③5月上中旬产卵盛期和初孵幼虫期，可喷洒 50％杀螟硫磷乳油 500～1 000 倍液等低毒且具有内吸作用的农药，能杀死卵、初孵幼虫和成虫，同时兼治李小食心虫、杏毛虫、蚜虫等其他害虫。

187. 如何识别和防治金龟子？

金龟子是鞘翅目金龟总科昆虫的通称，其幼虫为蛴螬，是主要的地下害虫之一。该害虫为杂食性，成虫咬食叶片成网洞状或缺刻，严重时叶片只剩主脉，群集为害严重。幼虫生活在土中，主要为害苗期植株根部，导致其枯黄死亡。秋季常群集为害果实，近成熟的伤果上数量较多。

识别：金龟子卵长椭圆形，初产时为乳白色。幼虫为蛴螬，老熟幼虫体态肥胖，体白色，头红褐色，静止时体形大多弯曲，体背多横纹，尾部有刺毛。蛹淡黄色，成虫长椭圆形，背翅坚硬，羽化初期为红棕色，逐渐变深成红褐色或黑色，全身披淡蓝色闪光薄层粉，前胸背板侧缘中间呈锐角状外突，前缘密生黄褐色体毛。腹部圆筒形，腹面微有光泽（图 42）。

发生规律：该虫在北方地区 1 年发生 1 代，以幼虫潜伏土中越冬，成虫 5 月出现，7～8 月为发生盛期。该虫有假死性。成虫常群集果实、树干的烂皮等部位吸食汁液，对糖醋液有趋性，产卵于粪土堆或含腐殖质多的土中。

防治：①利用白僵菌消灭幼虫；②保护步行虫、青蛙、蟾蜍和鸟类，控制虫口密度上升；③利用其趋光性用灯光诱杀；④利用成虫的假死性，可在早晚振树捕杀；⑤幼虫期灌水，使幼虫窒息死亡；⑥3％高效氯氰菊酯微囊悬浮剂或 2％噻虫啉微囊悬浮剂 500～600 倍液，在果树吐蕾、开花前喷洒防治。

188. 如何识别和防治天幕毛虫？

天幕毛虫为枯叶蛾科天幕毛虫属的幼虫，其吐丝织成的茧较大。天幕毛虫的颜色鲜艳、多毛，喜食阔叶树的叶子，于 5 月左右，幼虫转移到小枝分杈处结网，白天潜伏网中，到夜间才出来觅食。完成胚胎发育的幼虫在卵壳内越冬，翌年果树发芽后，幼虫孵化为害作物。

识别：天幕毛虫卵为圆筒形，灰白色，数百粒密集在一起成为卵块。老熟幼虫体长 50～55 毫米，暗青色或蓝黑色，两侧各有两条橙黄色条纹，腹部各节背面具黑色毛瘤数个。蛹黄褐色至黑褐色，长约 19 毫米左右。雌成虫体长约为 20 毫米，颜色为棕黄色，触角为锯齿状，前翅的中间部分具有宽带状结构，并含有黄褐色横线。雄成虫体长较小，通常为 17 毫米，淡黄色，前翅具有两条褐色横线。

发生规律：该虫害 1 年发生 1 代，以幼虫在卵壳中越冬为主，春季花木发芽时，幼虫钻出卵壳，为害嫩叶后转移到枝杈处吐丝结网，1～4 龄幼虫白天群集在网幕中，晚间出来取食叶片，5 龄幼虫离开网幕到树上取食树叶，5 月中、下旬老熟虫于叶间杂草丛中结茧化蛹，6—7 月是成虫盛发期，羽化的成虫晚间活动，产卵于当年生小枝上，卵发育完成后幼虫不出卵壳即越冬。

防治：①结合冬剪摘除卵块，集中烧毁；②春季幼虫结网时，及时捕杀，或振树扑杀；③成虫具有趋光性，在果园放置一些黑光灯进行诱杀；④在幼虫期可喷 25% 灭幼脲悬浮剂 2 000 倍液、2.5% 溴氰菊酯乳油 4 000 倍液、50% 敌敌畏乳剂 1 000 倍液、37% 高氯·马乳油 1 200 倍液、50% 辛硫磷乳剂 1 000 倍液进行防治。

189. 如何识别和防治桑白蚧？

桑白蚧属同翅目盾蚧科拟白轮盾蚧属的一种昆虫，以雌成虫和若虫群集在枝干上吸食养分，严重时灰白色的介壳密集重叠，致使枝条表面凹凸不平，树势衰弱，枯枝增多，甚至全株死亡。

识别：卵椭圆形，初产时淡粉红色，渐变淡黄褐色，初孵若虫扁椭圆形淡黄褐色，可见触角、复眼和足，能爬行，体表有棉毛状的遮挡物。

雌介壳呈圆形，略隆起，有螺旋纹，灰白至灰褐色，壳点黄褐色。成虫长椭圆形，体扁平，橙黄色或橘红色；触角瘤状，有 1 根粗大刚毛；腹节明显，臀板较宽，臀叶 3 对，中间最大，近三角形。

雄卵椭圆形，孵化前橙红色。若虫蜕毛之后眼、触角、足、尾毛均退化或消失，开始分泌蜡质介壳。成虫体紫红色，翅灰黑色，头部有 2 个大复眼，触角 10 节，第三至第九节每节有两处收缩形成三段较大部分，生有刚毛；黑色前翅密布横向波纹；腹部节上侧生有毛簇，末端有 4 个肉质树枝状突起。

发生规律：该虫 1 年发生 2 代。春季树液流动时，越冬代雌虫通过吸食树液为害，虫体迅速膨大，体内形成很多卵粒。4 月下旬至 5 月中旬为产卵盛期，1 头雌虫产卵 120～180 粒。卵孵化需 9～15 天，气温高则卵期短。5 月中下旬卵开始孵化，出现第一代若虫，若虫从介壳底部爬出，以针状口器插入树皮组织吸食汁液后就固定不再移动，经过 8～10 天开始分泌出白色蜡粉形成介壳。若虫经过 2 龄后变为成虫，雌雄成虫交尾后，雄虫便死亡。雌虫于 7 月中下旬产卵，8 月上旬至孵化盛期，10 月初成虫交尾，以第二代受精成虫在枝条上越冬。

防治：①用硬毛刷或钢丝刷刷除寄主枝干上的虫体；②结合整形修剪，剪除被害的病枝；③利用天敌，软蚧蚜小蜂、红点唇瓢虫捕捉；④早春发芽前，喷 5 波美度石硫合剂；⑤6 月上旬，孵化若虫从壳内爬出时，喷 0.3 波美度石硫合剂或者 2.5% 溴氰菊酯乳油 400 倍液。

190. 如何识别和防治李小食心虫？

李小食心虫为鳞翅目卷叶蛾科小食心虫属的一种昆虫，以幼虫蛀果为害，蛀果前在果面吐丝结网，啃食果皮蛀入果内，早期入果孔为黑色，数日后即有虫粪排出。被害果随后在入果孔流出大量的水珠状果胶滴，随后害虫串到果柄附近咬坏疏导系统，小果变成紫红色，造成果园增产不增收的现象（图 43）。成虫昼伏夜出，有趋光性和趋化性，白天栖息在树下草丛等隐蔽处，黄昏时在树冠周围交尾产卵。幼虫为害时多直接蛀入果仁。

识别：卵呈扁椭圆形，长达 0.6～0.72 毫米，初产卵为乳白色半透明，后变为淡黄色。蛹初产为淡黄褐色，后变为褐色，长约 6 毫米，外背白色的茧，呈纺锤状。成虫体长 4.5～7.0 毫米，翅展 11～14 毫米，体背面灰褐色，头部鳞片灰黄色，复眼褐色，唇须背面灰白色，其余部分灰褐色而杂有许多白点。前翅长方形，烟灰色，没有明显斑纹，前缘有 18 条不明显的白色钩状纹，后翅梯形，淡烟灰色。

老熟幼虫体长 12 毫米左右，头宽约 0.9 毫米，呈玫瑰红色或桃红色，腹面体色较浅，头部黄褐色，前胸背板浅黄或黄褐色，臀板淡黄褐色或玫瑰红色，上有 20 多个深褐色小斑点，腹足趾钩粗短，为不规则双序。

发生规律：该虫在东北地区 1 年发生 2～3 代，5 月上旬出现越冬代成虫，5 月中下旬为高峰期，6 月上旬为末期。在华北和西北地区 1 年发生 2 代，越冬代成虫基本在 4 月下旬开始出现，成虫的 3 次诱集高峰分别发生在 5 月中旬、7 月中旬和 8 月上旬。在南方地区 1 年发生 2 代，越冬代于 4 月中旬开始陆续破土，5 月上旬羽化达到第一次高峰期，7 月上旬和 8 月初分别达到第二次高峰和第三次高峰。

防治：根据该虫特性，应以树下防治为主，树上防治为辅。在越冬待成虫羽化前或第一代幼虫脱果前在树盘下喷布 75％辛硫磷乳油每亩 0.5 千克左右，或 80％敌敌畏乳油 800～1 000 倍液，或 2.5％溴氰菊酯乳油 8 000 倍液，喷后用耙子耙匀，以便药土混合均匀，提高杀虫效果。

191. 如何识别和防治小绿叶蝉？

小绿叶蝉属同翅目叶蝉科，成虫在落叶、杂草或低矮绿色植物中越冬。翌春飞到树上刺吸汁液，经取食后交尾产卵，卵多产在新梢或叶片主脉里。秋后以末代成虫越冬，成、若虫喜白天活动，在叶背刺吸汁液或栖息。被害叶初现黄白色斑点，后逐渐扩散成片，严重时全叶苍白早落。高温、多雨不利于该虫的发生。

识别：成虫体长 3.3～3.7 毫米，淡黄绿色至绿色，复眼为灰褐色至深褐色，无单眼，触角刚毛状，末端黑色。前胸背板、小盾片浅鲜绿色，常具有白色斑点。前翅为半透明状，略呈革质，淡黄白色，后翅透明膜质。腹部背板色较腹板深，末端淡青绿色。头背面略短，向前突。卵香蕉状，头略大，初黄绿色，后期出现 1 对红色眼点。若虫除翅尚未发育成形外，外形体色与成虫基本一致。

发生规律：该虫 1 年发生 4～6 代，以成虫在落叶、杂草或低矮绿色植物中越冬。翌春发芽后小绿叶蝉出蛰，飞到树上刺吸汁液，经取食后交尾产卵，卵多产在新梢或叶片主脉里。卵期 5～20 天，若虫期10~20天，非越冬成虫寿命30天，完成1个世代40~50天，因发生期不整齐致世代重叠。6月虫口数量增加，8—9月最多且为害重。成虫善跳，可借风力扩散，15~25℃适其生长发育，28℃以上及连阴雨天气虫口密度下降。

防治：①采收后及时清除田间杂草，减少害虫的越冬场所；②成虫出蛰前清除落叶及杂草，减少越冬虫源；③若虫孵化盛期可及时喷洒20%异丙威乳油800倍液、25%速灭威可湿性粉剂600~800倍液、50%马拉硫磷乳油1 500~2 000倍液、2.5%溴氰菊酯乳油4 000倍液及其他菊酯类药剂，均能收到较好效果。

192. 如何识别和防治舟形毛虫？

舟形毛虫为鳞翅目舟蛾科掌舟蛾属的一种昆虫，自卵块孵出群集叶面，将叶片食成半透明网状。稍大的幼虫食叶肉，仅残留叶脉和叶柄，2龄后分散为害，严重时可吃光叶肉连同叶柄。

识别：卵圆球形，直径约1毫米，初产时淡绿色，近孵化时变灰色或黄白色，卵粒排列整齐成块。1~3龄幼虫头、足黑色，密被白色长毛；老熟幼虫体长50毫米左右，头部黄色，有光泽，胸部背面紫黑色，腹面紫红色，体上有黄白色长毛。蛹体长20~23毫米，纺锤形，暗红褐色，密布刻点，臀棘4个，中间2个大，侧面2个不明显或消失。成虫体长25毫米左右，翅展约50毫米，体黄白色，前翅有不明显波浪纹，外缘有黑色圆斑6个，近基部中央有银灰色和褐色各半的斑纹，后翅淡黄色，外缘杂有黑褐色斑。

发生规律：1年发生1代。蛹在受害树下土中越冬，一般在树干周围5米范围以内，翌年7—8月成虫羽化。成虫昼伏夜出，趋光性较强，特别对黑光灯、电网杀虫灯趋性更强。卵常产于叶背，单层排列，密集成块，卵期约7天。幼虫发生期在7—10月，幼虫共5龄，1~4龄幼虫有群集性，初孵幼虫群集叶背，啃食叶肉呈透明网状，长大后分散为害，白天不活动，早晚取食，常把整枝、整树的叶片蚕食光，仅留叶柄。幼虫受惊有吐丝下垂的习性，静止时幼虫沿叶缘整齐排列，头、尾两端翘起似舟形。幼虫期平均约40天，9月幼虫老熟后陆续沿树干爬下入土化蛹越冬。

防治：①冬、春季结合树穴深翻松土挖蛹，集中收集处理，减少虫源；②灯光诱杀成虫，在 7—8 月成虫羽化期设置黑光灯，诱杀成虫；③利用初孵幼虫的群集性和受惊吐丝下垂的习性，振动有虫树枝，收集消灭落地幼虫；④人工释放卵寄生蜂；⑤利用假死性进行人工捕杀幼虫；⑥树多虫量大，可喷 500~1 000 倍的每毫升含孢子 100 亿个以上的苏云金杆菌乳剂杀死较高龄幼虫，虫量过大，必要时可喷 80% 敌敌畏乳油 1 000 倍液或 90% 晶体敌百虫 1 500 倍液。

193. 如何识别和防治蚜虫？

蚜虫是一种植食性昆虫，隶属于半翅目，其大小不一，主要通过随风飘荡来进行远程迁移，其物种多样性在热带比在温带要低得多。蚜虫是世界上繁殖最快的昆虫，其为多态昆虫，同种之间有无翅和有翅、有单眼和无单眼等差别。

识别：蚜虫体长 1.5~4.9 毫米，多数为 2 毫米，有时被蜡粉，但缺蜡片；触角 6 节，少数 5 节，大多数为圆球形，少数为椭圆形，末节端部常长于基部；眼大，多小眼面；常有突出的 3 个小眼面眼瘤；喙末节短钝至长尖，前胸与腹部各节常有缘瘤；腹管通常为管状，长常大于宽，基部粗，向端部渐细，中间或端部有时膨大，顶端常具有缘突，表面光滑或有瓦纹或端部有网纹，少数生有或少或多的毛，翅脉有时镶黑边；身体半透明，大部分是绿色或是白色（图 44）。

发生规律：蚜虫为孤雌繁殖，每年发生十几代，世代交叠为害。蚜虫以卵在芽鳞片、树皮裂缝和小枝杈等处越冬，早春气温上升后开始孵化为害，随着开花和新梢生长加重为害，造成新梢扭曲、幼果畸形、生长受到抑制。麦收前后，随着温度升高，产生有翅蚜，迁飞到白菜、油菜、甘蓝等十字花科植物，以及烟草、茄子等茄科植物上，继续为害。7—9 月果园基本不见蚜虫，不需重点防治。10 月蚜虫陆续迁飞回树上继续为害，随着气温降低，产生有性蚜，交配产卵于芽鳞片、树皮裂缝、枝杈中越冬。

防治：发芽后树体喷布 2.5% 溴氰菊酯乳油 2 500~3 000 倍液，也可用 50% 抗蚜威可湿性粉剂 2 500 倍液喷雾。

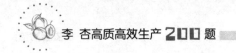

194. 如何识别和防治李实蜂？

李实蜂属于膜翅目叶蜂科，是李果的重要害虫。其幼虫以蛀食幼果为害，受害果实不但核全部被食尽，果肉亦多被食空，果内多堆积着虫粪，幼果即停止生长。李实蜂分布范围广泛，发生普遍，影响李树的经济发展。

识别：蛹为乳白色；幼虫体长8～10毫米，向腹面弯曲呈C状，头部淡褐色，胸腹部乳白色。雌成虫体长4～6毫米，雄虫略小，黑色，触角9节，丝状，第一节黑色，第二至第九节为暗棕色，翅透明，为灰色，翅脉黑色。雄成虫触角第二至第九节为淡黄色，翅淡黄色，翅脉棕色。

发生规律：李实蜂1年发生1代，主要以老熟幼虫在土中结茧越冬。成虫羽化出土后，在树冠上部成群飞舞或在花间活动，当天即可交配产卵。卵一般产在花托和花萼的表皮下组织内，以花托最多。幼虫孵化后咬破花托外表皮，后蛀入子房。

防治：①加强果园管理，合理施肥灌水，增强树势，提高树体抵抗力；②雨季注意果园排水措施，保持合适的土壤湿度；③结合修剪，清理果园，结合冬耕深翻园土，促使越冬幼虫死亡，减少虫源；④在花前3～4天，也即当花蕾由青转白，但未开花或极少量开花时，是杀灭羽化成虫以及防止成虫产卵的最佳时期。在花后，即花基本落完时，是喷药杀灭李实蜂幼虫及防止幼虫蛀果的最佳时期。两个时期各喷1次药，药剂可用2.5%高效氟氯氰菊酯乳油3 000倍液，或10%氯氰菊酯乳油3 000倍液，或80%敌敌畏乳剂1 000倍液，或20%氰戊菊酯乳油3 000倍液等。

195. 如何识别和防治李枯叶蛾？

李枯叶蛾隶属于鳞翅目枯叶蛾科。幼虫蚕食叶片，造成残缺不全，严重时将整叶吃尽，仅留叶柄。

识别：雄成虫翅展42～66毫米，雌成虫翅展62～81毫米，体色变化大，有黄褐色、褐色、赤褐色、茶褐色等。触角为双栉状，唇须向前伸出为蓝黑色。卵近圆形，绿至绿褐色，带有白色轮纹。老熟幼虫头部黑色，生有黄白短毛，体色与树皮接近，因此不易被发现。幼虫在枝上越冬，翌春树木发芽后蚕食嫩芽和叶片。成虫昼伏夜出，具有趋光性。

发生规律：该虫在东北、华北地区1年发生1代，河南地区1年发生2代，8月中旬至9月发生，成虫羽化后不久即可交配、产卵，卵多产于枝条上，常数粒不规则地产在一起，亦有散产者，偶有产在叶上者。幼虫孵出后食叶，发生1代者幼虫达2～3龄（体长20～30毫米）便伏于枝上或皮缝中越冬，发生2代者幼虫为害至老熟结茧化蛹，羽化，第二代幼虫达2～3龄便进入越冬状态。幼虫体扁，体色与树皮色相似故不易发现。

防治：①结合整枝修剪，剪除越冬幼虫；②悬挂黑光灯，诱杀李枯叶蛾；③喷45％辛硫磷乳油1 000倍液或50％杀螟硫磷乳油1 000倍液。

196. 如何识别和防治朝鲜球坚蚧？

朝鲜球坚蚧是同翅目蚧科的害虫，以若虫和雌成虫刺吸枝、叶为害，其排泄的蜜露常诱发煤烟病，影响植物光合作用，削弱树势，严重的造成树木枯死。

识别：雌成虫近球形，前、侧面上部凹入，后面近垂直。初期介壳软，黄褐色，后期硬化变为红褐色至黑褐色，表面有极薄的蜡粉，背中线两侧各具1纵列不甚规则的小凹点，壳边平削与枝接触的地方有白蜡粉。雄成虫头胸赤褐，腹部黄褐色；触角丝状10节，生黄白短毛；前翅比较发达，呈白色半透明状，后翅化为平行棒，性刺基部两侧各有1条白色长丝（图45）。

卵为椭圆形，有白蜡粉，由白色渐变为粉红色。初孵若虫为长椭圆形，扁平，淡褐色至粉红色，触角丝状，眼为红色，足发达，固着后体侧分泌出弯曲的白蜡丝覆盖于体背，不易见到虫体。

越冬后雌雄分化，雌体为卵圆形，背面隆起呈半球形；雄体瘦小椭圆形，背微隆起，赤褐色。茧长椭圆形灰白色半透明，扁平背面略拱，有2条纵沟。

发生规律：1年发生1代，以2龄若虫在枝干上越冬，外覆有蜡被。3月中旬开始从蜡被里脱出另找固定点，后雌雄分化，4月中旬开始羽化交配，交配后雌虫迅速膨大，5月中旬前后为产卵盛期。

防治：①加强果园的综合管理，使通风透光条件好，增强树体抗病虫能力；②剪除蚧虫严重枝，放在空地待天敌走后再行烧毁，亦可刷除枝干上密集的蚧虫；③保护引放天敌；④芽膨大时喷洒5波美度石硫合剂或含油量4%～5%的矿物油乳剂，效果较好；⑤4—5月严重时期可用95%蚧螨灵机油乳剂喷雾，可铲除蚧、蚜虫、叶螨等。

197. 如何识别和防治黄斑卷叶蛾？

黄斑卷叶蛾又名黄斑长翅卷叶蛾，属鳞翅目卷叶蛾科，主要为害苹果、桃、李、杏、山楂等果树，在苗圃及苹果与桃、李等果树混栽的幼龄果园发生较多。幼虫吐丝连结数叶，或将叶片沿主脉间正面纵折取食，藏于之间为害，药物防治难以取得效果，会造成大量的落叶，影响当年果实质量和之后花芽的形成。

识别：成虫体长7～9毫米，翅展17～21毫米，分为夏型和冬型两种。夏型成虫头、胸部和前翅金黄色，翅面上有分散的银白色鳞毛丛，后翅灰白色，缘毛黄白色，复眼红色。冬型成虫的头、胸部和前翅深褐色或暗灰色，散生黑色或褐色鳞片，后翅比前翅颜色略淡，有的个体前翅呈栗褐色，后翅暗褐色，复眼黑色（图46）。

卵扁椭圆形，冬型成虫的卵由白色变淡黄色，将要孵化时卵面显有红圈；夏型成虫的卵由淡绿色变黄绿色，将要孵化时深黄色。末龄幼虫长22毫米左右，体黄绿色，头、前胸背板和胸足淡绿色或黄褐色，有臀栉5～7刺。蛹长9～11毫米，深褐色，头顶生有一向后弯曲的角状突起。

发生规律：该虫1年发生4代，以冬型成虫在杂草、落叶上越冬。越冬成虫在花芽萌动时出蛰活动，3月下旬至4月初为出蛰盛期，成虫白天活动、交尾，在枝条芽的两侧产卵。幼虫不活泼，但有转叶为害习性，每蜕1次皮转移1次。

防治：①春秋季清扫果园，烧毁枯枝落叶、杂草，消灭越冬成虫；②在幼虫为害初期及时进行人工捕杀；③注意果树之间的混栽搭配；④孵化盛期，即 4 月上中旬和 6 月中旬，使用 80％敌敌畏乳油 1 500 倍液进行防治。

198. 如何识别和防治红颈天牛？

红颈天牛属鞘翅目天牛科，其主要为害木质部。被害主干及主枝蛀道扁宽，且不规则，蛀道内充塞木屑和虫粪，为害重时，主干基部伤痕累累，并堆积大量红褐色虫粪和蛀屑。粪渣是粗锯末状，部分外排。红颈天牛以幼虫蛀食树干，削弱树势，严重时可致整株枯死。

识别：成虫体黑色，有光亮，前胸背板红色，背面有 4 个光滑疣突，具角状侧枝刺；鞘翅翅面光滑，基部比前胸宽，端部渐狭；雄虫触角超过体长 4～5 节，雌虫超过 1～2 节（图 47）。老熟幼虫为乳白色，前胸较宽广，身体前半部分各节略呈长方形，后半部呈圆筒形，体两侧密生黄棕色细毛。胸部各节的背面和腹面稍微隆起，并有横皱纹。

发生规律：红颈天牛每 2 年完成 1 代，6 月中旬至 7 月中旬羽化产卵，卵多产于树势衰弱枝干树皮缝隙中，幼虫孵出后向下蛀食韧皮部。翌年春季幼虫恢复活动后，继续向下由皮层逐渐蛀食枝干木质部表层，初期形成短浅的椭圆形蛀道，中部凹陷，后由蛀道中部蛀入木质部，蛀道不规则。幼虫再由上向下蛀食，在树干中蛀成弯曲无规则的孔道，在树干蛀孔外和地面上常有大量排出的红褐色粪屑。

防治方法：①幼虫孵化期，人工刮除老树皮，集中烧毁；②成虫羽化期，人工捕捉；③成虫产卵期，经常检查树干，及时刮除或以木槌敲击卵粒；④用 50％敌敌畏乳油 600 倍液喷幼虫为害部位后包扎塑料膜熏杀幼虫。

199. 如何识别和防治杏仁蜂？

杏仁蜂属于膜翅目广肩小蜂科，雌蜂产卵于初形成的幼果内，幼虫啃食杏仁，被害的杏脱落或在树上干缩。

识别：雌成虫体长 4～7 毫米，平均 6 毫米左右，头大黑色，复眼大，呈暗赤色，触角膝状，基部第一节长，第二节最短，均为橙黄色。胸部及胸足的基节黑色，较粗壮，腹部橘红色，有光泽，背面隆起，密布刻点。翅膜质，透明。

雄虫较小，平均 5 毫米左右，与雌虫不同之处表现在触角的第三节以后呈念珠状，有成环状排列的长毛，腿节或胫节上有时杂有黑色，腹部为黑色。

卵长圆形，长约 1 毫米，一端稍尖，另一端圆钝，中间略微弯曲，初产为白色，微小，近孵化时变为乳黄色。初孵幼虫白色，其后显现出红色的复眼，头黄白色。老熟幼虫体长 7～12 毫米，头、尾稍尖而中间肥大，稍向腹面弯曲；头褐色，具有 1 对发达的上颚；胴部乳黄色，足退化；体弯曲。

发生规律：杏仁蜂 1 年发生 1 代，以幼虫在园内落杏、杏核及枯干在树上的杏核内越冬越夏，杏落花后开始羽化，羽化后在杏核内停留一段时间，后咬破杏核爬出。在杏果指头大时成虫大量出现，在枝上交尾产卵，幼虫孵化后在 6 月上旬老熟。漫灌水量较多、地温降低或杏核被落叶覆盖的，都会延迟成虫羽化期。

防治：①妥善处理残留在果园内的杏核、残留在树体上的僵果，集中烧毁，结合秋冬季节的深翻，将这些虫源深埋到地下 15 厘米处，避免幼虫羽化出土；②在成虫羽化期，地面撒 5%辛硫磷颗粒剂，每株 0.2～0.5 千克，或株施 25%辛硫磷微胶囊 30～50 克，浅耙与土混合，毒杀羽化出土成虫；③在成虫羽化盛期喷 45%辛硫磷乳油1 000～1 500 倍液，每周 1 次，共喷 2 次。

九、采收、运输与贮藏

200. 如何确定李、杏果实采收期？

采收期一般要根据果实的生理特性与采后的用途、市场的远近、品种、当地气候条件以及加工产品质量要求等来确定。

采收成熟度指果实已经充分膨大，绿色减退或退尽。这时采收的果实，适于贮藏或经过后熟达到正常的加工要求，也可用做鲜食果实远距离运输。

加工成熟度指果实部分或全部着色，虽未充分成熟，但已具备该品种应有的加工特性。李、杏果实的加工成熟度不仅对罐藏果的色泽、组织形态、风味、汤汁澄清度以及果脯、果干等加工品的质量有重要影响，还与加工过程中的生产效率和原料利用率有很大关系。

食用成熟度指果实已充分成熟，该品种应有的果实特征全部表现出来，化学成分和营养价值达到最高点，色香味俱佳。这一成熟度的果实适合就近销售，不宜远途运输。

生理成熟度指果实变软或老化，通常视为过熟，其营养价值大大降低，果实风味变淡，果实糖酸发生水解，不宜加工和食用。仁用杏适宜在这一成熟度采收。

鲜食品种采收应根据市场远近决定采收成熟度。一般远距离运输的品种应在采收成熟度时采收；中距离运输的品种应在加工成熟度时采收；就近销售或随采随食用的品种应在食用成熟度时采收。

加工品种采收成熟度的确定除要考虑加工厂与果园距离外，还应考虑加工品的种类。以杏为例，加工"青梅"杏时，应在果实硬核后采收，此时果实还是青绿色；加工杏脯和杏罐头的果实最好是在加工成熟度期间采收，过晚果肉松散，使罐头块形不整或不成形，杏脯也不成片；加工杏汁、杏酱、杏果茶的果实，成熟度可高一些，一般在食用成熟度时采收最为适宜。

仁用品种应在生理成熟度时采收，此期间，种仁已充分成熟，出仁率高，核仁饱满。

201. 李、杏果实成熟度如何确定？

在生产中应根据具体需要，在不同的成熟度采收果实。李、杏果实成熟度的确定主要有以下几种方法。

（1）果实的色泽。大部分果实在成熟过程中果皮的色泽会发生明显的变化，如果皮中叶绿素逐渐分解，底色中绿色减退，黄色增加，红色品种逐渐显现出其特有的色泽，对大多数品种来说底色由绿转黄是果实成熟的重要标志。目前我国大部分果园采用这种方法，此法的优点是简便易行，容易掌握；缺点是判断准确性差，缺少具体指标，主要靠经验。

（2）根据盛花期后的天数。果实从坐果至成熟所需的发育天数，在一定的条件下是相对稳定的。因此可根据某一品种的果实盛花期后发育期的天数，来推算其成熟度。

（3）含糖量（或可溶性固形物含量）。果实的含糖量也是果实成熟的标准之一。

（4）果肉硬度。随着果实逐渐成熟，果实的硬度逐渐降低。因此，根据果实的硬度可判断其是否成熟。

202. 李、杏果实采收时应注意哪些问题？

李、杏果实的汁液较多，成熟后组织特别柔软，采收时的温度、湿度较高，微生物容易从伤口侵入，降低果实的耐贮性，造成腐烂变质，所以采收过程中应防止甲伤、碰擦伤和压伤等一切机械伤害，要求采收人员采收前要剪平指甲或戴手套。采果时应先采树冠下部和外部的果实，后采内膛和树冠上部的果实，用手掌托住果实左右摇动使其脱落。使用的采果篮子里边一定要垫上衬纸或蒲包，采摘果实要轻拿轻放，切忌造成果面机械损伤或果实间相互过分碰撞，尽量少伤大枝和结果枝。禁止像采收核桃那样用杆敲打果实或摇动树干，打落或摇落的果实含有很多机械伤痕，不但影响果实的品质，不利于果实的贮运和加工，还会使花芽、叶和树皮受到不同程度的损伤，影响树体生长和翌年产量。

仁用杏采收时，可待果肉自然开裂后用杆轻轻敲落果实，采收过早一则出仁率低，二则久敲不落，必然损伤树体。

同一树上的果实，由于花期的参差不齐或者生长部位不同，不能同时成熟。一般来讲，高处枝条上的果实先成熟。所以，应分期采收，既可提高质量，又能增加产量。同一棵树上的采收顺序应由下而上，由外而内，采收的果实要轻拿轻放。

采收的时间应在晴天。天热时尽可能在上午 10 时以前或下午 3 时以后进行。雨后或露水未干前不宜采收，以防果实表面潮湿或有机械损伤而易受病原微生物的侵染。晴天的中午或气温较高时，避免采果，此时果实体温过高，田间热不易散发，果实易腐烂。午后采收的果实温度高，应摊放在树下或阴凉处散热，待温度下降后方可装入箱内。箱或筐内要垫衬柔软材料，以免碰伤果实。装箱不宜太满，以免搬运过程中压坏果实。

203. 果实采后有哪些处理流程？

（1）果实清洗与消毒。许多果实采收后，果面上沾有尘土、残留农药、病虫污垢等，严重影响果实的外观品质，如不清洗，会降低果实的商品性，也会加大在贮运过程中果实的腐烂程度。常用的清洗剂主要有稀盐酸，以及高锰酸钾、氯化钠、硼酸等的水溶液。有时为了洗掉果面上的有机污垢，可在无机清洗剂中加入少量的肥皂液或石油。总之，果实清洗消毒剂的种类很多，应根据果实种类和主要清洗物进行筛选。但无论是何种清洗剂，必须满足以下条件：可溶于水，具有广谱性，对果实无药害且不影响果实风味，对人体无害并在果实中无残留，对环境无污染。

（2）分级。果实在包装前要根据国家规定的销售分级标准或市场要求进行挑选和分级。果实分级后，同一包装中果实大小整齐、质量一致，利于销售中以质论价。同时，在分级中应剔除病虫果和机械伤果，以减少在贮运中病害的传播和果实的损失，筛选出来的果实可用作加工原料或及时降价处理，减少浪费。

果实的分级以果实品质和大小两项内容为主要依据，通常在品质分级的基础上，再按果实的大小进行分级。品质分级主要以果实的外观色泽、果面洁净度，果实形状，有无病虫危害及损伤、果实可溶性固形物含量、果实成熟度等为依据。果实大小分级因树种、品种而异。

（3）包装。包装可减少果实在运输、贮藏、销售中由于摩擦、挤压、碰撞等造成的果实伤害，使果实易搬运、码放。作为包装的容器应具备一定的强度，保护果实不受伤害，材质轻便，便于搬运，容器的形状应便于码放，适应现代运输方式，价格便宜。我国过去的包装材料主要采用筐篓，随着经济的发展，包装材料有了很大变化，目前的包装材料主要为纸箱、木箱、塑料箱、泡沫箱等。包装的大小应根据果实的种类、运输的距离、销售方式而定。

204. 采收后果园水、肥、土壤管理措施有哪些？

在李、杏果实采收后至落叶前，每隔 15～20 天喷 1 次 0.3%～0.5%磷酸二氢钾溶液，增加杀菌剂和杀虫剂，以提高树体的养分积累，能有效促进花芽分化和叶片同化作用，增强树势，避免发生早期落叶病、红蜘蛛等危害，以利越冬。9 月上旬至 10 月初施入基肥，秋季根系生长高峰时施肥，肥料腐烂分解时间充分，矿化程度高，部分肥料可当年被树体吸收利用，同时断根容易愈合生长，有利于促进叶片同化作用，利于制造和积累营养，满足树体翌年萌芽、开花、坐果和生长需要。

采果后要及时灌水，灌水的多少根据土壤墒情而定，以土壤湿度最利于李、杏树生长发育为宜。冬季再进行 1 次灌水，以确保土壤温度稳定，保持根系水分，促进树体营养积累，利于树体越冬。

在 9 月下旬至 10 月下旬结合秋季施肥深翻 1 次，深度 20～30 厘米，以消除土地板结。这时地上部植株生长较缓慢，同化产物消耗量较少，树体开始积累营养。此期深翻土壤正值根系第二或第三次生长高峰，不但改良了土壤，还能促进根系的新陈代谢和向纵深方向发展，提高根系的吸收能力，增强树体抗干旱、抗病虫害能力，能有效提高树体后期的光合作用能力，伤口容易愈合，易生新根，增加树体营养积累。另外，此期耕翻后经过漫长的冬季，有利于土壤风化，提高土壤通透性，还可消灭地下害虫，铲除杂草和根蘖，增强树势，为翌年增产打下良好基础。

205. 采收后果树整形修剪措施有哪些？

首先清理残留在树上的有病、有虫果子，刮老皮，集中深埋；清除根茎部砧木萌发的根蘖；清除果园里的杂草及枯枝落叶，并将其清理出园集中烧毁，减少果树越冬病、虫源基数，以减少翌年病虫害的发生。

果实采收后，结合清理果树进行适当修剪，疏散重叠、交叉的枝条，注意选留疏密度适宜的强壮枝，剪除徒长枝、下垂枝、背上枝、过密枝、病虫枝、弱小枝和枯枝，主枝、副主枝过多的树，可先截去一部分，截枝留长度以 $1/3\sim1/2$ 为宜，对短枝进行摘心，为树体翌年开花结果奠定好的基础。改善树体通风透光条件，以利树体越冬，有利于促进花芽的分化，提高花芽的质量，修剪同时可以控制结果量，以提高果树结果质量。修剪后在修剪口涂抹护树将军乳液，消毒杀菌，保护伤口健康愈合。

206. 采收后果园病虫害防治措施有哪些？

（1）生物防治法。保护好自然天敌，减少广谱性杀虫剂的用量。利用害虫天敌，或人工释放天敌也是控制果园害虫的有效方法。在果园种植绿肥及有益植物，改善果园生态环境，招引害虫天敌进园。做到以鸟治虫、以禽治虫、以虫治虫、以菌治虫等生物防治，如为害李树的红蜘蛛天敌有多种瓢虫、捕食螨、芽枝霉菌等，都是其有效的自然天敌。

（2）物理防治法。害虫大多具有较强的趋光、色、味的特性，将光波设在特定的范围内，引诱害虫扑灯触杀。还可利用黏性色板诱杀，作为害虫测报和防治措施。

（3）化学药剂防治法。在秋季采果后，为减少病源、降低害虫越冬密度，可以在树上喷50％多菌灵可湿性粉剂800～1 000倍液，或80％代森锰锌可湿性粉剂800～1 000倍液；在8—9月有红蜘蛛为害时，防治可用5％噻螨酮乳油1 500倍液，或73％炔螨特乳油2 000倍液，为害严重的果园要加入新高脂膜适量，提高杀虫效率；防治李小食心虫等可用2.5％溴氰菊酯乳油3 000倍液，或20％氰戊菊酯乳油3 000倍液。

207. 果品采收方法及优缺点有哪些？

果品采收主要分为人工采收、机械采收两种方式。

（1）人工采收用于鲜销和长期贮藏的果品，可以精确地掌握成熟度，有选择地分批、分次采收；具有较高的灵活性，人工采收可以做到轻拿轻放，尽量减少或避免机械损伤的产生；可以满足不同消费者的特殊要求。

缺点是采收效率较低，需要大量劳动力，在劳动力缺乏、工资较高的地区，增加生产成本。目前采收工具比较落后，采收比较粗放。

（2）机械采收用于新鲜上市或加工用的果品，或果品在成熟时果梗与果枝间易形成离层的品种，采收速度很快，具有较高的效率，与人工采收相比，长久下来能够节省不少成本。

缺点是采收过于暴力，会伤害果品及果树，并且不能保证果品的质量，对果品损伤较严重，无法判断成熟度的差异，不能准确剔除坏果或者不成熟的果品。

208. 果品质量标准化的含义是什么？

果品质量标准化具有高效性、安全性、准确性的特点，可以为提高果品质量、促进果品生产的可持续发展提供指导，是果品生产发展的必然趋势，也是果品生产综合管理手段之一，在无公害果品生产、绿色食品生产以及果品卫生安全中都具有重要的意义。

209. 果品运输有哪些要求？

果品的运输应做到快装、快运、快卸。严禁日晒雨淋装卸、搬运时要轻拿轻放，严禁乱丢乱掷。运输工具的装运舱应该清洁、干燥、无异味。长途运输适宜采用冷藏运输工具，保证果品的最适温度。短途运输中要求浅装轻运，轻拿轻放，避免擦、挤、压、碰而损伤果实。

运输途中的管理是运输成功的重要环节。运输途中应该根据各类果品对运输环境条件的要求进行管理，以减少运输中果品的损失。当温度超过适宜温度时，可打开保温箱的通风箱盖，或半开车门，以通风降温；当车厢温度降到0℃以下时，则堵塞通风口，有条件的还可以加温。

最理想的方式是采用冷藏车运输，每个冷藏箱装5~6吨果，在0~5℃低温条件下运输3~5天不致失重，且会保证李、杏果品的新鲜品质。

210. 果品的贮藏方式有哪些？

贮藏方式有传统农家堆藏、埋藏、袋藏、缸藏或采用现代技术的冷藏、气调贮藏、减压贮藏和臭氧贮藏等。

（1）常温贮藏。主要不通过机械的方法制冷而利用天然的较低的温度，在很多情况下也利用自发气调的形式。

（2）气调贮藏。通过调整和控制贮藏环境中气体的成分和比例，从而延长贮藏时间。常用的气调贮藏方式是气调贮藏库和塑料薄膜封闭包装。

（3）减压贮藏。加速气体交换，有利于有害气体的去除；各气体的绝对含量大大下降，起到低氧气调的作用；减压条件下水分极易丧失，减压库必须安装高性能的增湿装置；减压贮藏可连续性工作也可间歇式工作。减压贮藏缺点是成本高，出库产品缺乏浓郁芳香。

211. 果品贮藏保鲜的意义是什么？

根据果品采后的生理特性，创造适宜的贮藏环境条件，使果品在不产生生理失调的前提下，大幅度地抑制果品的新陈代谢，从而减少果品的物质消耗，延缓成熟和衰老进程，延长采后寿命和货架期，有效地防止微生物生长繁殖，避免果品因被病虫害侵染而腐烂变质。

（1）保证果品的均衡供应。因为果品的供应具有季节性，往往在果品成熟的时期大量上市，但在其他时期却没有果品的供应，不能达到随时随意消费的目的。合理的贮藏保鲜可以延长果品的货架期，在非果品成熟的季节也能有果品的销售。

（2）减少果品的损耗。果品成熟采收是有季节性的，人们的需求却是持续的。在果品集中成熟季节，在果品旺销和持续需求之间，采取有效的贮藏措施，才会既降低果品损耗，又保证持续供应。

（3）增加果品效益。大量的贮藏实践证明，因为贮藏了高质量的果品，随时向人们提供需要的新鲜果品，可以赢得相当可观的经济效益，特别是在市场经济逐步发展、繁荣的情况下，贮藏保鲜的潜在效益会得到更充分的发挥。

（4）促进果品生产。良好的贮藏保鲜，会保证和促进果品生产的稳定发展，也会为果品加工生产提供足够的原材料。果品贮藏保鲜的拉动作用，在整个果品产业中会越来越突出。

212. 果品的分级方式有哪几种？

分级包括人工分级和机器分级两种。人工分级是通过人工选果，去除病虫果、损伤果，凭人的视觉与经验将成熟度差异明显、果品大小差异较大的果品分别放置在不同的分级堆中。

机器分级主要依据果品纵横径大小、果形、质量、果表颜色、表面缺陷以及生物物料特性研制特定的分级机械，进行自动化、智能化分级，是比较先进的现代分级方式。

213. 果品的包装方式、要求及作用有哪些?

根据果品所处的不同阶段,将包装分为运输贮藏单位和销售单位两种类型,运输贮藏单位包装可采用果箱、果筐或临时周转箱等,在箱上留孔,以利于通风。

销售单位包装则是直接面向消费者,根据市场需求可分为大包装与精细包装两类,大包装与运输贮藏单位相似。

按照果品的大小和颜色进行包装,包装的容器不宜过大,包装容器四周应有通气孔,便于散热。

包装前,单个果品也要进行包装,在箱中垫缓冲物,减少贮运中的碰撞,避免机械损伤和病果互相感染,减少果品失水,保持较稳定的温度。果品装入容器中要彼此紧接,妥善排列,同时在包装箱上要注明品种、数量、重量等产品信息。

果品包装可以保护果品不受损伤。果品是含糖量特别高的食物,它们的表皮组织能力差,在采收后,很容易受到外力的损伤,或者一些微生物的损害,给果品添加包装后,就能减少这些情况的出现。

果品在采收以后会经过很长的运输过程运送到各地去销售,在运输和销售的过程中,很容易被外界的尘土和微生物所污染,给果品添加包装以后,就可以减少这种情况的发生,另外有些地区还会在果品没有采收时,就给果品添加包装,这种做法也很科学,可以减少果品病害的发生。

果品包装除了可以防污染损坏以外,还有提高市场销售量的作用,它可以让果品更符合人们的需求,便于出售。另外一些精致的包装,还能提高果品在市场上的销售价值。果品包装对果品的存放也有很大的好处,可以合理使用存储空间,方便运输节省劳动力。

图1 早金艳

图2 玫 香

图3 玫 硕

图4 红 艳

图5 早红艳

图6 黄金油杏（中杏6号）

图7 早红蜜

图8 金太阳

图9 凯 特

图10 丰园红

图11 仰韶杏

图12 早红香

图13　中李3号

图14　中李5号

图15　南红1号

图16　青梿

图17　大石早生

图18　秋姬

图19　安哥诺

图20　紫琥珀

图21　耶鲁尔

图22　李　王

图23　黑宝石

图24　劈接法

图25　单芽枝腹接

图26　自然开心形树形

图27　两大主枝自然开心形
　　　（Y形树形）

图28　夏季修剪

图29　流胶病危害枝条

图30　流胶病危害树干

图31　疮痂病危害杏果实

图32　疮痂病危害李枝条

图33　炭疽病危害杏果实

图34　炭疽病危害李果实

图35　细菌性穿孔病危害杏叶片

图36　细菌性穿孔病危害李叶片

图37　褐腐病危害李果实

图38　褐腐病危害杏幼果

图39　根腐病危害李叶片和果实

图40　李袋果病症状

图41　银叶病危害李叶片

图42　金龟子为害状

图43　李小食心虫为害状

图44　蚜虫为害状

图45　朝鲜球坚蚧为害状

图46　黄斑卷叶蛾为害状

图47　红颈天牛为害状